苏州民国建筑典藏

Classic Architecture of the Republic of China in Suzhou

从传统到现代的时代交接

苏州市住房和城乡建设局 编

苏州新闻出版集团
古吴轩出版社

图书在版编目（CIP）数据

苏州民国建筑典藏：从传统到现代的时代交接 / 苏州市住房和城乡建设局编. -- 苏州：古吴轩出版社，2023.11

ISBN 978-7-5546-2209-4

Ⅰ. ①苏… Ⅱ. ①苏… Ⅲ. ①建筑物－介绍－苏州－民国 Ⅳ. ①TU-092.6

中国国家版本馆CIP数据核字(2023)第220692号

责任编辑：鲁林林
见习编辑：沈　雪
装帧设计：温菲菲
责任校对：戴玉婷

书　　名：苏州民国建筑典藏——从传统到现代的时代交接
编　　者：苏州市住房和城乡建设局
出版发行：苏州新闻出版集团
古吴轩出版社
地址：苏州市八达街118号苏州新闻大厦30F
电话：0512-65233679　　邮编：215123
出 版 人：王乐飞
印　　刷：苏州市越洋印刷有限公司
开　　本：787mm × 1092mm　1/16
印　　张：28.25
字　　数：322千字
版　　次：2023年11月第1版
印　　次：2023年11月第1次印刷
书　　号：ISBN 978-7-5546-2209-4
定　　价：198.00元

序

建筑是一座城市的灵魂，不仅记载着城市的历史，更映照着城市在某个时期的文化和品味，折射出那个时代特有的审美取向。世界著名建筑大师贝聿铭说过："建筑是有生命的，它虽然是凝固的，可在它上面蕴含着人文思想。"在苏州这座承载着千年文脉的水乡古城里，星星点点散落着许多民国建筑，有的至今仍旧保存完好，值得保护和研究。

自 1911 年以来，随着上海经济发展，铁路开通，苏州的民族工商业和金融文教事业也随之蓬勃发展，吸引了大量房地产投资，兴建了许多厂房、校舍、银行、商铺、宅第、公寓等各类建筑，这段时间是苏州城区建设和发展的"小阳春"时期。倘若没有 1937 年后的战乱，苏州的城市面貌也许会有一些大的变化。这些民国建筑的出现，不仅是一道新颖的城市风景，也是这一时代建筑的鲜明标志，它们大多既保留了中国传统建筑的特色，同时又吸收了西洋建筑的元素，形成独具魅力的建筑语言，融会了西方古典主义、新古典主义、新民族主义等多种丰富的建筑风格，展现出从传统到现代的过渡阶段中城市建筑的走向。民国时期的建筑不仅体现了外来文化对苏州城市发展的影响，同时也彰显了苏州海纳百川、包容开放的胸怀。尽管城市在不断更新，但这些建筑已然成为古城保护中的珍贵城市遗产，需要我们在新时代共同努力来保护、研究和传承。

这些年来，苏州在古城保护方面取得了显著成效，积累了丰富经验，已成为国内历史文化名城保护的典范。在城市更新和现代化建设的过程中，目前围绕优化古城格局，对民国建筑进行合理的保护和修缮，以确保现代元素与历史建筑和谐共存，实现对古城历史脉络的真实还原。

《苏州民国建筑典藏——从传统到现代的时代交接》一书所呈现的图文内容详细阐述中西各类建筑元素在民国时期的表现和作用，进而展现当时社会文化的多元融合。这不仅是一本关于苏州民国建筑的图书，更是一次对古城历史的深度探索，引发我们对古城保护的深刻思考。每一幢建筑，它蕴含的那一段历史，它凝固的人文思想，都是这座城市文脉的珍贵篇章，值得我们细细品味。

阮儀三

目 录

第三章　工商服务业

第四章　里弄住宅

第五章　园林宅第

第六章　西式别墅

第七章　水利桥梁及其他

概 述

江南地区人文荟萃，文化积淀深厚。苏州作为全国著名的历史文化名城，拥有着数量众多的历史建筑，而民国时期的苏州建筑在其中占据了重要的地位，是苏州数量最多、分布最广的建筑类型之一。它们中西合璧、融会贯通，形成了独特而富有代表性的建筑风格，有着很高的历史研究价值，对当代苏州城市建筑风貌产生了一定的影响，记录着苏州城市建筑变化发展的脉络。

本书中所涉及的民国时期建筑时间范围为1911年辛亥革命开始至1949年中华人民共和国成立。在苏州，这一时期的建筑经历了传统形式与现代建筑交汇的过渡时期。随着民族意识的逐步增强，以及现代技术和建筑思潮的不断发展，这一时期的建筑风格呈现出崭新的面貌。

历史背景

近代苏州历史的发展为民国建筑风格的形成奠定了基础，其演变可以划分为四个关键时期：太平天国至甲午中日战争（1851—1894）、甲午中日战争至五四运动（1894—1919）、五四运动至抗日战争全面爆发（1919—1937）、抗日战争全面爆发至中华人民共和国成立（1937—1949）。在这段历程中，苏州民国建筑繁荣发展的阶段主要集中在1919年至1937年之间。

太平天国到甲午中日战争（1851—1894）

这一时期，苏州建筑初步受到西方建筑的影响。1860 年，太平军在东南地区崛起，迅速占领了苏州，导致城西的阊门商业区遭受严重破坏。在教会的影响下，苏州兴建了教堂、西医院和医学校等西式建筑。

随着 1894 年甲午中日战争的爆发，清政府被迫签订《中日马关条约》。西方在中国沿海地区大规模兴建新式建筑，其中包括日本驻苏州领事馆、使徒堂、圣约翰堂等。

甲午中日战争到五四运动（1894—1919）

1906 年至 1908 年间，随着沪宁铁路全线通车，交通运输的便利推动了江南地区商旅的繁荣。阊门外及石路地区凭借其水陆交通的便捷性，商业迅速蓬勃发展。茶馆、戏馆、影院、旅馆、商店等各式行业商铺如雨后春笋般涌现。江南地区商旅的繁荣促进了苏州民族资本主义工业的蓬勃发展，房地产、旅游、进出口贸易等行业也步入兴盛时期，同时推动着金融业的繁荣。受上海大都市的影响，苏州兴建了一批具有海派石库门风格的里弄住宅。

在这个阶段，引入西式建筑已成为普遍趋势。西式建筑不仅在住宅领域，而且在工业和公共建筑等主要领域都已经得到广泛应用，为当地建筑注入了新的设计理念和结构特色。

五四运动到抗日战争全面爆发（1919—1937）

这是苏州民国时期建筑事业蓬勃发展的黄金时期。在 20 世纪二三十年代，苏州兴起一波重要的建筑热潮，涵盖了公共设施、工商业建筑、科教文卫建筑、水利交通工程及住宅等多个领域。这一时期，建筑技术取得了显著提升，建筑师的队伍也逐渐壮大。

1923 年，苏州工业专门学校创设建筑科，成为推动苏州西式建筑发展的关键力量。该学科的创设者刘世英、刘敦桢、朱士圭和黄祖淼均毕业于东京高等工业学校，共同秉持日本的办学理念。这一举措使建筑学在苏州真正脱颖而出，不再局限于以木结构为主的技艺，为中国建筑教育注入新的活力。

1927 年，民国政府筹备处制定了城市建设规划的实施方案，即《工务计划》。这一规划文本包括总体规划和详细规划两个层面，总体规划涵盖了城市的整体布局、环境设计及城市边界的规划，为城市未来的发展方向提供了指导。详细规划则更为具体，涉及具体街道、河道、公园、菜场等细节的规划，为城市的实际建设和管理提供了具体方案。这是中国近代较早的城市建设规划之一。

1930年，苏州市经历了撤销并重新命名为吴县的变迁。然而《工务计划》的实施深刻影响了苏州城市的规划、定位和建筑面貌。这一计划在苏州民国时期的住宅选址决策、建筑风格、规模大小及分布格局方面发挥了重要作用，为苏州城市的发展奠定了基础。

抗日战争全面爆发到中华人民共和国成立（1937—1949）

这一时期是苏州乃至整个中国近代建筑的停滞阶段。在抗日战争时期，中国的建筑业遭遇了严峻的困境。1937年，苏州沦陷，工业生产受到严重破坏，手工业向近代机器工业的转型被迫中断。同时，银行和钱庄纷纷停业，这一时期的动荡局势也使得当时许多原本计划中的建筑工程项目被迫中止。

民国时期的苏州建筑风格

随着西方文化的大量涌入，民国时期的苏州建筑呈现出令人瞩目的多样性，主要可划分为西方古典主义建筑、新古典主义建筑及新民族主义建筑等几大类别。这些风格反映了当时苏州建筑领域融合西方和本土传统元素的多元创新。

西方古典主义建筑

古典主义建筑作为西方建筑中历史最为悠久的类型之一，强调对称、比例和对立的设计原则，并汲取了古希腊和罗马的建筑元素，如柱廊、拱门和穹顶或拱顶。这种建筑风格注重整体结构的和谐，追求永恒和稳定的美感。苏州美术专科学校旧址的希腊式列柱拱廊便是如此。

新古典主义建筑

新古典主义建筑风格是在古典主义建筑的基础上进行改良再创造，保留了材质和色彩的大致风格，同时融合了现代功能需求和材料技术，呈现出更为抽象或简洁的形式。在苏州的民国建筑中，新古典主义建筑体现为多样化的建筑风格，如英式（萃英中学旧址的萃泓楼）、美式（朱子久故居）、西班牙式（沈京似故居）、日式（李仲公故居）及现代简约式（邹檪臣故居）等。这些建筑在苏州土地上展现了融合古典和现代元素的多元创新，形成了丰富而独特的民国时期建筑风貌。

新民族主义建筑

新民族主义建筑是20世纪30年代中国建筑设计的新思潮，其核心理念在于追求将功能性、美观性与民居生活巧妙结合。当时，一些富有远见的建筑师观察到传统中国建筑形式与西方现代建筑技术和功能的结合存在矛盾，同时，也意识到宫殿式建筑不仅造价昂贵，且建筑格局相对刻板。因此，他们反对复杂的复古主义形式，专注于发掘中西建筑的相互融合，创造出既保留传统特色又具有时代气息的新民族主义建筑形式。代表性建筑如天香小筑、朴园、陶伯渊故居等。

民国时期的苏州建筑分类

在苏州建筑发展史上，民国时期至关重要。这一时期的建筑形态独具特色，传统的建筑体系与新兴的构筑理念相互交织，中西建筑风格在此期间既相互共存，又相互融合，共同勾勒出一幅中外兼容、南北融会的民国建筑画卷。

这一时期的建筑按用途可划分为公共行政、宗教教育、工商服务业、里弄住宅、园林宅第、西式别墅、水利桥梁及其他等，是为本书的基本纲要。

一、公共行政

民国时期，苏州的各类公共行政建筑逐渐涌现，从19世纪下半叶发展至20世纪30年代，建筑类型日益完善，包括行政办公建筑和公共活动场所等。这类建筑外立面基本上采用西式风格，布局和造型大多汲取了欧洲古典式和折衷式的通用形式，同时融入了苏州本地风格，形成一种中西合璧的设计风格。在内部设计上，这类建筑更加凸显出苏州本土的特色。也有少数建筑采用了主体中式风格掺杂西式元素的形式，使整体呈现出一种独特而富有韵味的结合形式。

二、宗教教育

苏州兴建的教堂通常以独立单体的形式呈现，遵循西方教堂的标准设计，由当地工匠按图修建。外观完全采用西式风格，呈现出浓厚的异域风情。内部结构上则采用中式构造的方式，展现了中西文化的相互融合。教育建筑表现出多元的建筑风格，体现了苏州丰富的文化底蕴。如东吴大学旧址，融合不同文化，展示出多样化的建筑设计；也有像苏州美术专科学校旧址这样的纯西式建筑风格，呈现出现代艺术教育的氛围；同时还有像叶圣陶执教处旧址这样的中国固有的建筑形式，凸显传统文化的独特魅力。

三、工商服务业

这类建筑与广大居民关系最为密切。苏州地区的工业形式主要以制砖、缫丝及粮食加工为主。其建筑多以砖墙和砖柱为主体结构，承重能力强，是 19 世纪下半叶大中型厂房中最为普遍的形式，如鸿生火柴厂旧址、苏纶纱厂旧址等。

商业类型的建筑分为旧式和新式两类。旧式商业建筑通常采用传统建筑形式，适当融合少量新材料和新构造进行局部改造，主要分布在苏州周边的乡镇集市，例如芦墟镇的沈氏跨街楼。新式商业建筑涵盖银行、饭店、旅馆、百货商店等，如吴县田业银行旧址、群乐旅社旧址等。这类建筑中不少是多层或高层，代表着近代建筑水平的提高。这些建筑不仅服务于工商服务业的需求，同时也是苏州近代城市面貌演进的生动见证。

四、里弄住宅

这类建筑与居民关系最为密切，与传统的民居建筑相比，里弄住宅的建筑经历了明显的变化。无论是从单层单户向多层多户的演变，还是建筑密度和规模化的发展，都是为了迎合城市中产阶层居民不断提升的生活需求。这类建筑通常采用现代建筑材料和建造技术，呈现出精致的造型，种类繁多，配套设施完备，使得区域内部分工更加清晰，展现了当代城市住宅的多样性和现代化水平。代表性的建筑如金城新村、同德里、同益里等。

五、园林宅第

园林宅第建筑保留了苏州园林特色的建筑风格，适当融入西式元素，主要采用了时尚的水泥、花玻璃、马赛克等新材料，延承苏州园林幽静雅致、布局灵活曲折、因地制宜的特点，使人在其中感受到别样的韵味。在整体布局上，建筑、水面、山石相互交融，常以建筑为主体，以花木为陪衬，通过巧妙的造景手法，在有限的空间内打造出多层次、丰富多彩的景致。这种设计追求人与自然的和谐统一，创造引人入胜的环境。

建筑构造式样上包括厅、堂、厢房等，辅以亭、台、楼、阁、水榭等建筑元素。设计中巧妙地融入假山、窗景及各式铺地等小品。代表性建筑如春在楼、天香小筑、泰丰路陆宅等。

六、西式别墅

这类建筑风格往往受到西方建筑的影响，采用现代的建筑材料和建筑结构，融合多种建筑风貌，既传统又创新，既开放又独立。在建筑外观、立面设计和装饰元素等方面运用西式建筑元素，如拱门、罗马柱、法圈、现代花饰图案及彩色玻璃等。空间上通常包括独立的花园、院落或庭院，配置宽敞的客厅、多个卧室、厨房和卫生间等功能区。屋顶的设计多样，采用尖顶、坡顶或平顶晒台，部分建筑屋顶还覆盖有庄重的琉璃瓦。如谢莘茹故居。这些建筑在外观上融合多元文化，为居住者提供了舒适的居住环境。

七、水利桥梁及其他

苏州水巷风貌是江南建筑文化的杰出代表，各个历史时期的桥梁形式较多，有拱式桥和梁式桥，包含单孔、多孔等种类。此外，还有独具特色的廊桥、亭桥等，这一阶段继续保持了这种特点。由于地处长三角地区，全市地势低平，河流纵横，水利工程的建设成为不可或缺的一部分，如白茆闸遗址。

同时，民国时期的苏州还兴建了一系列其他建筑，包括中山堂、会馆、祠堂、公井、义井等。这些建筑既反映了当地社会文化的繁荣，也呈现出独特的历史风貌。

民国时期的苏州建筑技术与材料

过去，苏州的大多数地区主要采用土、木、砖瓦和石等传统建筑材料，以木构架为主要建筑结构形式。这一传统建筑风格在许多地方仍然保持着活力。在市区及繁华商业区，随着近代建筑技术的引入，建筑结构方面呈现出多样化的趋势。民国时期的建筑不再仅限于传统的木结构，还会尝试砖木混合结构、砖石钢筋混凝土混合结构及钢和钢筋混凝土框架结构这三种基本形式。这些结构形式不仅融合了传统的建筑技术，同时也展现了对新技术的吸收和融合，为当时建筑领域的发展做出了重要贡献。

随着建筑结构形式的演变，屋顶的设计展现出更加多样化的趋势，出现丰富而自由的造型。在材料运用方面，不断更新的技术使墙面处理方式更多元化，引入了拉毛、贴墙纸、彩色印纹涂料等新工艺，使建筑外观上更为精致美观，富有异域特色。

在地面铺装方面，人们开始采用瓷砖、马赛克、水磨石、大理石、花砖工艺等，为室内空间增添了更多艺术元素。在门窗的设计上，新的样式如大脚玻璃门、宽拼板门、百叶窗、纱窗等丰富了人们的选择。窗玻璃的处理也日趋精致，贴有各种花纹，甚至直接采用昂贵的进口彩色玻璃。这一系列的变化使建筑更具现代感和个性化，为居住者提供了更丰富的居住体验。

民国时期的苏州建筑处于城市建设发展史上一个中西文化交融、传统与现代交替的承上启下的关键时期。许多近代建筑至今仍然保存完好，成为苏州城市建筑的重要组成部分。这些建筑不仅见证了城市历史的变迁，还对当代苏州的城市生活和建筑活动产生了深远的影响。它们以独特的设计和建筑风格，反映了当时中西文化的碰撞与融合，呈现出一种新旧交融的特色。

这些建筑的存在使得苏州城市风貌更加丰富多彩，这一时期留下的建筑不仅是建筑，更是城市记忆的载体，承载着历史的沉淀，为苏州的现代化发展增添了独特的文化底蕴。

第一章　公共行政

这类建筑主要包括行政办公用房、公共活动场所等。基本上外立面仿照西方国家同类建筑，布局和造型大多脱胎于欧洲古典式、折衷式的通用形式，内部还是苏州本地风格，中西合璧，也有少数主体采用中式风格掺杂西式元素的形式。

西楼

苏州第一个近代海关：
苏州关税务司署旧址

苏州关税务司署旧址建于清末民初。现存建筑面积为1646.19平方米。2011年被公布为江苏省文物保护单位。

苏州关税务司署，俗称“洋关”，位于苏州市姑苏区觅渡桥堍青旸地，紧邻日租界东面，现南门路9号，始建于清光绪二十二年（1896）。初始时，英国人孟国美担任该机构的首任税务司。“洋关”的设立旨在征收进出苏州港的轮运货物和船只的关税，并负责货运的监管，同时也承担着走私品缉查的任务。苏州关税务司署可谓是国内较早的近代海关设施之一。

大运河为中国历史上重要的水上交通往来通道之一，苏州关税务司署设在古城运河旁更能有效地监管水上运输及征收关税。苏州关开通后，使得通商贸易往来更加繁荣，民国二十六年（1937）日军侵占苏州，关务活动被迫中止。新中国成立之初，苏州关税务司署旧址为华东军

东楼

中间平房

政大学借用，于1974年移交苏州市外贸局。2009年，政府对苏州关税务司署旧址进行了全面维修。

修缮后的苏州关税务司署旧址现存三幢红色砖房，均坐北朝南，属于典型的英式巴洛克风格，俗称“红房子”，保存完好。建筑的外墙采用清水红砖，砖块以沙包式扁砌的方式排列，水泥浆勾缝，使得墙体结实坚固。屋顶均为“人”字坡屋顶设计，以红色平瓦覆盖，设计独特，分成多个不同高度的坡面，与墙体走向相呼应，呈现错落有致的美感。

这三幢红色砖房各具特色：东楼呈现“凹”字形的小洋楼布局，屋顶开设老虎天窗，南侧阳台处有水泥罗马柱配以木制栏杆，高耸的烟囱直冲云霄；西楼是一幢假三层建筑，屋顶同样设有老虎天窗、水泥罗马柱、木制门窗和烟囱，西楼室内最引人注意的是精致的西式壁炉和欧式木构件楼梯；中间楼为平房。三幢建筑呈“品”字形布局。

木构件楼梯

西式壁炉

西楼东立面

现今，苏州关税务司署旧址已成为苏州市青少年活动中心，将历史建筑与现代社会联系起来，继续承载着传承历史建筑文化的使命，同时也促进了现代教育的发展。

青旸地的历史：
日本领事馆旧址

日本领事馆旧址建于民国十四年（1925），现存建筑占地面积为933平方米，建筑面积为1000平方米。1991年被公布为苏州市文物保护单位。

日本领事馆旧址位于姑苏区南门路94号，坐落在第一丝厂。最初馆址设立在苏州古城内，光绪二十八年（1902）搬迁至苏州日租界内。苏州市房地产档案馆内，珍藏了一份宝贵资料——日

正立面

北立面

西立面

本领事馆《土地所有权登记声请书》，其登记日期为1936年3月24日。这份文件的申请人是国民政府中央信托局苏州办事处主任熊世方，申请内容详细记录了盘门青旸地上的日本领事馆占地面积为“18亩7分6厘”，每亩地的价格为“260万元”。民国三十二年（1943），领事馆改名为总领事馆。民国三十四年，日本战败，领事馆撤销。

日本领事馆旧址主楼保存完好，坐西朝东，为砖混结构两层建筑，外墙由扁砌的红砖构成。主楼的墙基立面为洗石墙面，这种墙面装饰方法通过清洗和处理，突显出石材的原始质感和颜色，常被用于建筑表面。屋顶设计错落有致，根据墙体的走向分成不同朝向的坡面，以红色平瓦覆盖，其中一个坡面设有曲线弧形的

外伸式门厅

老虎天窗。外墙窗户形式多样，有竖长方形、半圆形和拱形，均为木结构，竖长方形窗户一二层之间的墙面上装饰有回纹图案。此外，在墙基接近地面的位置，设有半圆形孔洞，用于满足地下室的通风需求，适应江南潮湿的气候条件。

领事馆旧址正立面为外伸式门厅，南北两侧斜坡车道的设置便于车辆出入。主楼的东、南、北三侧都配备了罗马柱拱门。其中，东面正门是对开木门，门上装饰着精美的花草图案。南门是外伸式门厅，规模相对较小，底层饰以六根罗马柱，顶部是围着铁艺栏杆的阳台。北门设有四根罗马柱，顶部是半圆形的阳台。西门采用独特的外伸大半圆形水泥门罩，用于保护大门免受风雨侵扰。此外，西门内部还设有一小型地下储藏室。

主楼内部，前厅位于中央，周围环列着办公室，西侧转角处

室内走廊

木构件楼梯

设有曲尺式木构件楼梯，可通往二楼。一楼曾用作会议室，二楼则分为不同的科室用房，为领事馆的工作人员提供了合适的空间。

抗日战争胜利后，日本总领事馆的房产收归国民政府接管。随后，这些房产由苏州市第一丝厂管理和使用，成为丝厂的办公楼。而如今该建筑以出租的形式为玉石展览馆所用。

不能被遗忘的历史：

侵华日军宪兵司令部旧址

侵华日军宪兵司令部旧址建于民国二十六年（1937）后，建筑面积为4238.24平方米。2004年被公布为苏州市文物保护单位。

在姑苏区广济路242号内，有一处显眼的民国洋房式建筑，正是侵华日军宪兵司令部旧址。该建筑于民国二十六年侵华日军占领苏州后建造。新中国成立后，苏州市第三人民医院在此创建。

侵华日军宪兵司令部旧址现存四幢民国建筑，主楼建筑保存完好，是一幢主体两层、局部三层的混砖结构建筑，与四周的楼房有天桥相连，地下设有防空洞。墙体为青砖，外墙上部采用铭文青砖，用水泥浆勾缝，底部的墙基为水洗石墙面。整座建筑的屋顶以青平瓦覆盖。

原有大门设于主楼北侧，北阳台的栏杆为花瓶式，在二楼栏杆处原有伸出的方形晒台，晒台下方的设计足够宽敞，可供车辆出入。主楼东南角为三层，与其他楼层相比

主楼

主楼北侧

双跑式水泥楼梯

明显凸出一截。主楼内部正中央是奶黄色双跑式水泥楼梯，围栏上有圆形镂空铁艺樱花图案，南面是走廊，一楼配置水磨石栏杆，走廊上下两层均有拱形窗户。

主楼的西南面现为枫杨小筑，俗称“八号楼”。目前由医院内部人员使用，供举办专家学术研讨会等。建筑由东西两幢楼组成，两楼之间由走廊相连。东楼为一幢混合结构建筑，建筑外墙采用了青砖灰瓦，屋顶为歇山式设计，窗台下部分使用水洗石墙面装饰。西楼的一幢混砖结构建筑为传统布局，三间两厢式，走廊处铺设彩色图案地砖，大厅配备一扇对开的木格玻璃门，室内配置精美石榴柱雕花木构件楼梯，二楼阳台处设铁艺栏杆。楼前是宁静的庭院。

为了使历史文物得到有效的保护，医院于 2017 年对八号楼进行了修缮，历时半年。如今，举目庭院，旧貌换新颜，整座建筑呈现出精致典雅的外观，曲径通幽的亭台，错落有致的假山和叠

枫杨小筑正立面

枫杨小筑西楼

铁艺栏杆

木构件楼梯

石，四周三角枫、古黄杨等装点其间。建筑风格中西合璧，与庭院景致相得益彰，契合医者学人之心灵，故定名为“枫杨小筑”，匾额由著名书法家费之雄、周文祥题写。

侵华日军宪兵司令部旧址保存完好，现归属于苏州市立医院北区使用。

巷内显眼的城堡式建筑：
交通部苏州电报电话局旧址

交通部苏州电报电话局旧址建于民国九年（1920），现存建筑面积为790平方米。2004年被公布为苏州市文物保护单位。

交通部苏州电报电话局旧址坐落于姑苏城内的间邱坊巷21、23号。由于历史的缘故，电报电话局旧址几经更换，现存的旧址由交通部于民国九年买地兴建，民国十二年竣工。

交通部苏州电报电话局旧址

苏州在国内早期电话通信方面占据重要历史地位。光绪年间，马伯亥在阊门内下塘泰伯庙创办了苏州德律风公司，从此开始了苏州通信领域的革新。最初，仅有十二户富商和官宦人家安装了电话。光绪三十一年（1905），清政府在金狮河沿创立苏州电话局，称西局，随后在阊门内天库前设立分局，称北局；民国后，苏州电话局更名为江苏省立第二电话局。民国九年，交通部在间邱坊巷购买一块地基，用于建造房屋；民国十二年（1923），苏州电话局和苏州电报局合并迁至间邱坊巷，并更名为吴县电报局。随后，电报局与电话局合并，新中国成立后改称苏州电信局。

旧址为显眼的城堡式建筑，南向五开间，气势磅礴，斑驳的墙壁带着深厚的历史沧桑年代感，与周围粉墙黛瓦的传统民居形成鲜明对比。建筑采用钢混结构，为上下两层，外墙以青砖扁砌，用水泥勾缝。

北立面的大门以拱券罗马式的设计为亮点，目前已安装了卷帘门，两侧立有水泥罗马柱，门楣上装饰着几何图形和花卉图案，拱券上方由六根短瓶立柱巧妙点缀，顶部隐约可见“苏州邮政局”字样。南立面立有四根间距不等的罗马廊柱，顶部是搭配花瓶柱

北立面

南立面

栏杆的露台。南立面往里走为正厅，也设有两根罗马柱作为装饰，地面采用磨石子地坪。

目前，交通部苏州电报电话局旧址为苏州电信局的办公地点。近年来，政府在旧址的另一侧新建了池沼和拱桥，这些古色古香的元素与古建筑交相呼应，为此地注入了更多的历史情怀和文化氛围。

狱中斗争的历史印记：
司前街看守所旧址

司前街看守所旧址建于清末，民国元年曾是吴县地方监狱，后改为江苏高等法院看守所。2004年被公布为苏州市文物保护单位。

司前街看守所旧址位于姑苏区司前街西善长巷3号，建于清末。在清宣统时期，这座建筑曾充当江苏按察司狱和苏州府监，民国元年（1912），在原址上建立吴县地方监狱；民国八年（1919）吴县地方监狱改为江苏省第三监狱分监，同时在分监内设立江苏高等检察厅看守所，用于关押未判决的人犯；民国十六年（1927）

司前街看守所旧址

司前街看守所旧址鸟瞰图

江苏高等检察厅看守所改名为江苏高等法院看守所。民国二十五年（1936），“七君子事件”中当事人之一的史良就曾被关押在这里，因此，关押史良的监房在新中国成立后被称为“七君子监”，以纪念那段重要的历史。

新中国成立后，这里先后成为公安局看守所、苏州市人民法院看守所。1951 年，看守所移交市公安局，建立苏州市监狱。1955 年，市监狱搬走，监房归苏州市公安局看守所。经 1977 年、1984 年两次扩建、翻建，新监房总面积逾 2000 平方米。1997 年，看守所搬离司前街。2007 年，苏州市公安局将十字监房改建成苏州警察博物馆和禁毒展览馆，免费对外开放。

整座建筑充分体现了中西文化的融合，展现了传统中式大狱到西式监狱的不同风格。这座监狱建筑设计规范，功能齐备，采用了坚固的砖木结构。监狱外观造型独特，呈“米”字形结构，狱道向各个方向延伸，形成了许多夹角，这些狭窄的夹角通道几乎只能容纳一人进出。狱道总共八条，分布在八个方向，其中四条是交通狱道，另四条则用于人犯的进出。每条关押狱道两侧都建有一排排独立的牢房，形成了八边形的看守平台。每个牢房都具有相同的规模和形制，牢房木门的上端有一个长方形小门，用

狱道向四面延伸

短窗

展馆陈列

走道

于送饭，下端则有一个圆形的空洞，用于通风。这样的牢房在每条狱道内都有十多间，构成了整个监狱的布局。

2020 年，苏州市公安局对苏州警察博物馆、禁毒展览馆进行了全面提升和改造，在尊重历史建筑的同时，兼顾古建筑保护，优化升级了展厅的设计，突出主题。在这所古老的建筑内，人们可以完整地看到苏州警察部门的历史与变迁，以及警察在不同历史时期所扮演的重要角色。

紫金街36号的森严气息：
“中统局”常熟县室旧址

“中统局”常熟县室旧址建于民国时期，2011年被公布为常熟市文物保护单位。

常熟市虞山街道的紫金街南接引线街，北至辛峰巷，东南端有明代宣德时期监察御史章珪的宅子。章珪是这条街的历史名人之一，他的五个儿子中，章表、章格、章律三人皆中科甲，这一家族的科第之盛广为乡里传颂。正因如此，他们所居之街得名“紫金街”，寓意为功名荣耀。而如今，我们能够看到的“中统局”

“中统局”常熟县室旧址

主楼

常熟县室旧址就位于紫金街的36号。1945年，常熟成立“中统局”，翌年迁至紫金街36号，成为这一历史街区的一部分。

“中统局”常熟县室旧址现存一幢主楼和西侧的铺房，基本保持完好。在入口处右侧还可以看到曾用于警卫站岗的阁楼。主楼是一幢二层的砖混建筑，融合了中西方的建筑风格。主楼坐北朝南，采用传统的中式硬山顶，正面有一向外伸展的门廊，以便于人们出入。门廊为罗马柱拱券结构，下部为圆柱，上部是弧形拱券，梯形券心石凸出墙面，呈现出简约朴素的建筑风格，门廊顶部设有阳台，围以铁艺栏杆，用于晾晒衣物和远眺。

主楼大厅入口为四扇对开的木门，室内地板上保留了当年的磨石子工艺，中央铺有传统的“寿”字图案。窗户为西式百叶窗，

百叶窗

木构件楼梯

天花板采用了白色吊顶设计，此外，还有木构件楼梯和廊道。主楼西侧设有前、后辅房，前辅房为单间，后辅房原本是用来关押犯人的水牢，现已经改建成住房。

“中统局”常熟县室旧址如今已经转变为传统的民居住宅，为当地的建筑遗产增添了一抹独特的风采。

陈墓区公所旧址

民国乡镇行政机构遗存：陈墓区公所旧址

陈墓区公所旧址建于民国初期，建筑面积约220平方米，该建筑于2009年被公布为昆山市文物保护单位，2011年被公布为江苏省文物保护单位。

锦溪镇最初被称为陈墓镇，辛亥革命后，中国废除了封建官制，苏州地区的昆山和吴县陈墓曾设有区和镇（乡）两级行政机构，后来改为区和镇（乡）公所。在民国时期，陈墓属昆山县第六区，设区公所为其办公署地。

陈墓区公所旧址，俗称旧区公所，建于民国初期，位于昆山市锦溪镇天水街与下塘街交叉口的转角处，作为苏州地区解放前乡镇的行政机构重要实证遗存。

陈墓区公所旧址的建筑呈前后两层楼房砖木结构，为典型的四合式院落，硬山式屋顶设计，屋顶以小青瓦覆盖。引人注日的是在沿河大门的位置，矗立着一座精美的西式石库门，两侧装饰磨光石子水泥柱，线条突出，造型优美。石库门

硬山式屋顶

门楼雕花

窗户

上方的三角形门楣上雕刻有招财童子的形象，象征福气和财运，两侧堆塑花草图案。推门而入就是一处天井，正对着的则是前厅。同时配置方柱木构件双跑式楼梯，楼梯陡峭。楼下配有木制落地长窗，楼上的门窗、地板和走廊也均为木结构，窗框形式多样，有方形和六角形。

2017 年，陈墓区公所旧址经历了一次全面的修缮，解决了多项问题，包括瓦片残存，漏雨渗水，原有木构件的受潮、腐烂，

门厅

楼上门窗

油漆剥落及排水系统不足等。这一修缮工程使得这座历史建筑得以更好地保护和利用。如今，修缮完成的区公所旧址焕发出崭新的生机。

近年来，这座经过修复的区公所旧址吸引了众多影视剧组前来拍摄取景，成为古镇中备受欢迎的新“网红打卡地”，不仅有助于保护和传承历史文化，还为当地旅游注入了新的活力。

屡有变迁的图书馆：
苏州图书馆旧址

苏州图书馆旧址系商人朱博渊建于20世纪30年代，俗称“朱家花园”。

苏州图书馆的历史可追溯到清朝末年，其前身是正谊书院学古堂。民国三年（1914），苏州名贤张一麐等人向江苏省政府提出申请，计划在正谊书院学古堂的基础上建立一座图书馆。这一计划经得批准，于是成立了江苏省立第二图书馆，最初馆址设立在可园，位于沧浪亭对面。数年间，图书馆经过改名和多次迁址，1951年，馆址迁往东北街太平天国忠王府，1957年正式更名为苏州图书馆，1958年迁至姑苏区公园路2号的“朱家花园”，即为此处。2001年，苏州图书馆迁至人民路858号，此后又在相城区建立苏州第二图书馆，为市民提供更多的阅读资源。

苏州图书馆旧址位于公园路38号（原门牌编号2号），现存建筑包括东、西两座西班牙式的民国建筑洋房，保存完好。整体建筑以淡黄色外墙为特色，屋顶覆盖红色平瓦，转角处点缀精美的角砖作为装饰。窗框呈现形式多样，既有方形，也有拱形，其中方形窗框上部雕塑有花纹图案。

东楼建筑是一座两层带阁楼的洋房，坐北朝南，中间为大厅，入口处为弧形立面，配置弧形花岗岩台阶，立面上有四根间隔不等的罗马柱，顶部装饰花纹，二楼与一楼相呼应，同样设有四根罗马柱并配置玻璃窗。西侧有典型西方建筑风格的罗马柱拱门，下部为方柱，上部为弧形造型，立面装饰梯形图案。此外，西墙立

东楼

西楼

东、西楼通道相连

拱门

室内楼梯

铁艺栏杆

东楼西立面

面设有一个梯形阳台。进入大厅一层，沿方柱木构双跑式楼梯拾级而上，可抵达二楼。

西楼是一座两层长方形建筑，一楼南侧设敞开式长廊，便于通风，廊内设有六根间隔不等的廊柱，其顶部两侧有回纹装饰。二楼东侧设有通道，以便于与东楼相连。值得注意的是，西楼东侧还有一组水泥制外楼梯，栏杆采用精美的铁艺装饰。

图书馆搬离公园路后，在保持内部结构不变的前提下，对这座建筑原有外墙进行了重新粉刷。现如今，苏州图书馆旧址已改为苏州市文化广电和旅游局的办公场所，在保留了建筑原汁原味的同时，又赋予了其全新的用途。

常熟县立图书馆旧址

铁琴铜剑楼主人的倡议：
常熟县立图书馆旧址

常熟县立图书馆旧址建于民国五年（1916），是苏南地区最早的公共图书馆之一。2004年被公布为常熟市文物保护单位。

常熟市老城区中心石梅广场上有一处独特的景观，那就是常熟县立图书馆旧址，这座建筑充满复古典雅的民国韵味。民国初期，由于西风东渐，公立和私立图书馆在经济发达的地区，特别是苏南地区蓬勃发展。图书馆打破了以往私家藏书楼高度保密、不对外开放的传统，面向公众开放，允许自由阅览。

民国四年（1915），瞿启甲等热心社会公益人士向县公署递交了筹办县立图书馆的请求。瞿启甲，字良士，号铁琴道人，为民国时期著名藏书家，同时也是清代著名藏书楼——铁琴铜剑楼的第四代主人。这份申请经得批复后，瞿启甲等人选定石梅钱氏祠堂为临时馆舍，农历九月初九重阳节，常熟县立图书馆开馆。民国五年，县立图书馆在

南立面

北立面

走廊

室内陈列

道前街道署基（今石梅广场）兴建馆舍，次年建成并对外开放。民国二十六年（1937），另择石梅游文书院内（今石梅小学）重建新馆，随后迁入石梅新址。

常熟县立图书馆旧址现存两幢典型的民国时期建筑，保存完好。这两幢建筑分别为前廊式建筑和外廊式建筑。

前廊式建筑位于书台公园内，坐北朝南，是一座二层砖混结构建筑，整体平面呈拉长的“凹”字形，通面阔 7 间 29 米，通进深 7.6 米，底层设有廊道。

外廊式建筑坐落于石梅广场，坐北朝南，是一座二层砖混结构建筑，屋顶为歇山式，其平面呈“T”字形，底层开设联券拱廊，由 16 根方形立柱间隔有序地隔出 15 个拱券门，拱门底部为方柱，中间是圆柱，而上部的拱券呈弧形，立面装饰梯形图案。一二层均开设百叶窗，朝南一侧有 4 扇对开木门。二楼正面与底层相对称，朝南为通长阳台，配置木质花瓶柱栏杆，可供倚栏赏景。

这座外廊式建筑现成为常熟市政协图书馆，同时也是戴逸学术馆，门口匾额上的“衣山楼”正是戴先生的题字。

博习医院旧址

从金砖楼看苏州医院史：博习医院旧址

博习医院旧址始建于清光绪九年（1883），现存建筑建成于民国十一年（1922），2004年被公布为苏州市文物保护单位。

博习医院旧址位于苏州古城的十梓街东，紧邻苏州大学西大门，其历史可以追溯到清光绪九年。这座医院开始是由美国基督教监理公会（简称监理会）医疗传教士柏乐文和蓝华德创办的，他们在天赐庄购买民地并兴建医院，共有中式平屋建筑八幢，定名为“苏州博习医院”，成为美国监理会在中国设立的最早的一家教会医院，同时也是当时苏州规模最大、设施最为齐全的综合性西医医院。

民国十一年新院落成，在拆除原有中式平房的基础上，兴建了一幢三层半的住院大楼和一幢两层的门诊楼。民国二十五年（1936），门诊楼遭遇火灾，屋顶严重受损，随后进行了修复工作，改建为三层平顶结构。随着新中国的成立，为

外立面

南立面

窗户

金砖铭文

满足不断增加的就诊需求，医院进一步在主楼两侧进行扩建，形成现今的建筑格局。

博习医院门诊楼是一栋独特的建筑，被称为“金砖楼”，坐北朝南，为二层砖混结构，具有殿宇式的外形，一二层砌筑复檐。主楼外墙由苏州著名的陆慕金砖砌筑而成，侧面刻有铭文，每款金砖上都有专属的“图章”，详细记录着烧制的年份，监造人、督造人和匠人的姓名，体现了建筑材料制作责任到人的质量控制。窗户采用传统的木构件，两侧扩建楼房外墙为清水砖墙。

如今，博习医院旧址不仅是一处具有历史文化价值的景点，还充当了众创空间的角色，吸引了众多创业团队的入驻，为这座古老的建筑注入了新的活力。

第二章　宗教教育

宗教与教育在民国时期的建筑风格体系中，是非常重要的一支。宗教建筑是西式建筑风格传入的主要途径，在教会大学的发展历程中，传教色彩越来越淡化，而其教育功能和服务社会的功能越来越突出，因而学校建筑也更加趋向中国传统样式。

使徒堂

西南山墙

西班牙折衷风格的体现：
使徒堂

使徒堂曾名“思杜堂”，创建于清同治十一年（1872），民国十四年（1925）重建，现占地面积为1800平方米，建筑面积为917平方米。1991年被公布为苏州市文物保护单位。

使徒堂，原名“思杜堂”，因纪念其创立者杜步西而得名，位于姑苏区养育巷130号。其历史可追溯到清同治十一年，是苏州历史上最早的基督教堂之一，民国十四年重建。解放战争时期，曾在此设立“职工青年进修会”。1980年至1982年，使徒堂得以修缮并重新开放，恢复宗教活动。

早期的使徒堂包括前后两个内院，西侧为主入口，东侧为牧师及家庭成员的日常生活区域。1998年，市政府对养育巷道路进行改造拓宽，原教堂西侧围墙被拆除，场地范围也随之缩小，形成现今的布局。

使徒堂现存建筑有主体礼拜堂和牧师楼。

礼拜堂为二层砖木混合结构建筑，呈长方形平面，坐东朝西。教堂的独特之处在于西南角建造的方形钟楼，其顶部由青平瓦覆盖。西面的山墙、台阶和钟楼之间错落有致，与传统教堂立面的单调形成鲜明的对比，使得整个建筑富有层次空间感，这一独特的造型体现了西班牙折衷风格的包容性。使徒堂的建筑融合了多元化的西班牙建筑元素，展现出众多精美且简洁的装饰，外墙基底采用水磨石沿四周围绕，上部使用传统的青砖砌筑，为梅花丁砌法，墙上设有多扇明亮的玻璃窗，一层窗框呈方形，二层为拱形设计。

钟楼

内景

大礼堂

钟楼内部有一方柱木构件楼梯可通往二楼。教堂一层的房间沿南北方向分布，中间通过内廊相连，包括小礼堂、会议室和办公室；二层为大礼堂，西侧的一角被分隔出，用作声控室。

此外，教堂外仍保留着两块刻有“基督教长老会思杜堂”字样的界碑。

牧师楼位于礼拜堂北侧，是一座砖木混合结构的二层建筑。外墙由青砖砌筑，顶部由青瓦覆盖，构成四坡屋顶，便于排水。南立面设落地长窗，室内有方柱木构件楼梯，底层作为起居室，楼上是卧室。

使徒堂在建造和修缮的过程中，深受西班牙折衷风格的启发，同时巧妙地融合了传统中式建筑工艺。西班牙折衷风格总体上说，是一种融阿拉伯风格与欧洲古典主义风格为一体的建筑形态，神秘内敛，沉稳厚重。至今，教堂仍作为宗教活动场所正常对外开放。

乐群社会堂

老苏州人早期接触的教堂：乐群社会堂

乐群社会堂俗称宫巷堂，又称为“耶稣堂”，始建于清光绪十七年（1891），扩建于民国十年（1921），1991 年被公布为苏州市文物保护单位。

乐群社会堂位于姑苏区宫巷 20 号，始建于清光绪十七年，当时只是一座小型礼拜堂。民国十年，该堂进行了一次重建，扩大了规模，并正式定名为“乐群社会堂”，寓意为“敬业乐群”。苏州人对此处的“乐”字不念 lè、yuè 而念作 yào。民国二十三年（1934），民国政府对宫巷街道进行改造，原有的小巷拓宽成了马路，教堂大门、二门被拆除，形成了现在的规模。

乐群社会堂在创建后，除了进行宗教活动外，还曾开办过学校、诊所、理发店、浴室等。1959 年，乐群社会堂改称“耶稣堂”。20 世纪六七十年代，教堂曾先后被城建局、教育局、卫生局等机关单位使用。1986 年，教堂产权重新归还基督教两会，现更名为“宫巷基督教堂”。

教堂正门

大礼堂

曲尺式楼梯

彩色玻璃拱窗

乐群社会堂现存三幢楼房，分别为大教堂、小教堂及牧师房。主体建筑是大教堂，为五层混合结构建筑，外墙呈奶黄色，坐东朝西。内部有二层，局部有三层，顶部采用陡坡屋顶设计，左右两侧矗立着四方五层的塔楼，顶部覆盖四角攒尖顶。教堂正立面为三开间，中间大门为罗马式拱门设计，门上方有“宫巷基督教堂”字样，山尖中央悬挂十字架，下方则是一个大拱形窗户。正面每层都设有拱窗，侧面仅在四五层辟窗户。

教堂的内部一层是宽敞的大厅，两侧有方柱木构件楼梯靠墙而建，供人拾级而上。在教堂的后部，有小教堂和牧师房，均为二层建筑，外墙同样呈奶黄色。

乐群社会堂是美国监理会在苏州最早建立的教堂之一，对于许多老苏州居民来说，这里是他们早期接触教堂的地方。此外，它也是民国时期苏州古城区内规模最大、建筑最宏伟的教堂之一。

圣约翰堂

一张图纸建三座教堂：圣约翰堂

圣约翰堂又名“首堂”，是美国监理会在苏州创建的第一座教堂，始建于清光绪七年（1881），重建于民国四年（1915）。2009 年被公布为苏州市文物保护单位。

圣约翰堂位于姑苏区十梓街 18 号，紧邻博习医院旧址，处在苏州大学本部西门外，其历史可追溯到清光绪七年，由美国监理会传教士潘慎文在天赐庄兴建，最初名为“首堂”，也是美国监理会在苏州创建的第一座教堂。随着苏州地区的基督教信徒不断增多，原有的教堂已无法满足需求，民国四年，监理会将首堂拆除重建，新教堂占地面积约 640 平方米，建筑面积约 1855 平方米，更名为“圣约翰堂”。

圣约翰堂的首任华人牧师为李仲覃，即美籍华裔物理学家李政道的祖父。1959 年，圣约翰堂曾由苏州市第一人民医院租用。1995 年，教会重新接管教堂，并在 1996 年至 1998 年间对教堂进行了全面修复。修复后的圣约翰堂成为基督教两会的办公场所，直至 2003 年正式向公众开放，用于宗教活动。2009 年，圣约翰堂被列入苏州市文物保护单位。

圣约翰堂现存两幢西式建筑，分别是礼拜堂和牧师楼。礼拜堂位于东侧，坐东朝西，平面采用典型的巴西利卡式形制，高三层，西南侧钟楼为四层，是教堂的最高点。外墙底部以花岗岩为基座，其余部分为青砖扁砌，以一顺一丁的方式砌筑，用白色水泥浆勾缝。礼拜堂的主立面位于西面，西南角设有钟楼，在西立面山墙顶端矗立有十字架标志。正门上方饰有三角形门楣，并写有“圣约翰

礼拜堂

堂”四字，两侧设砖砌门柱，西立面的二楼和三楼各有六扇窗户，中间四扇是拱形窗，两侧是长方形窗。

进入礼拜堂的主入口门厅，南北两侧分别设方柱木构件楼梯，通往三楼。一楼包括小礼拜堂、会议室和办公室。二楼为主堂，正前方是圣台，两侧设有竖窗，以彩色玻璃装饰，后方是两层高的座位区域，呈现出半围合式的布局。三楼为观台，四楼则是钟楼。

西侧是牧师楼，坐北朝南，是一座具有海派风格的建筑，共有三层。外墙采用青砖扁砌，圈梁以红砖装点。牧师楼设有前廊，廊前部分有两根砖砌立柱，连接一楼和二楼的阳台。外墙上装饰有木构件方窗。室内地面铺设木地板，楼梯为双跑式木构件楼梯，三楼南立面附带一个小型阳台。

圣约翰堂的窗户设计精巧地融合了多个历史时期的建筑风格，涵盖了古罗马式、哥特式及维多利亚风格等元素，同时，它还采

木构件楼梯

窗户

用了传统的清水砖砌筑圆拱和窗棂，呈现出折衷主义建筑的多样性，赋予了教堂独特而富有魅力的建筑风格。

圣约翰堂是苏州城内首座由美国监理会建造的教堂，同时也是苏州的十大建筑之一。这座教堂的设计师是美国的约翰·M.慕尔博士，值得一提的是，在全球范围内，与圣约翰堂同一图纸、同样结构和同样名称的教堂仅有三座，其余两座分别在美国的圣路易斯和日本的神户。

如今，圣约翰堂除了作为日常宗教活动场所，还承接一些慈善活动，包括感恩会和义卖等，以回馈社会和支持慈善事业。

救世堂

美国监理会的第二座教堂：
救世堂

救世堂，又名慕家花园基督教堂，始建于清光绪十五年（1889），民国十三年（1924）重建，2004年被公布为苏州市控制保护建筑。

姑苏区养育巷沿街矗立着一座红砖教堂，它被称为“救世堂”，又名“慕家花园基督教堂”，坐落于养育巷349号。救世堂创建于清光绪十五年，堂址最初位于申衙前（现景德路），后搬迁至长春巷，直至民国十三年才移建至现址。1959年，救世堂关闭，曾一度用作新华书店的仓库，也租给婚纱店使用过。2004年，救世堂被公布为苏州市控制保护建筑，2010年，基督教两会重新接管救世堂，对其进行了全面修复。

美南监理会在苏州古城区陆续建立了三座主要教堂，第一座是位于十梓街的圣约翰堂，第二座是养育巷的救世堂，第三座是位于宫巷的乐群社会堂。其中，救世堂是这三座教堂中最晚恢复使用的老教堂。

救世堂造型简洁，现存三幢建筑：礼拜堂和两幢牧师楼。其中牧师楼已作为民居使用。

教堂的主体建筑是一座坐东朝西的礼拜堂，为二层混合结构建筑，外墙采用红砖扁砌，顶部是陡坡屋顶，覆盖着红色平瓦。教堂正立面为三开间，大门上方装饰着三角形门楣，中央镶嵌红色十字架标志和“救世堂”三字匾额，正门左右两侧分别设有券门。教堂东南转角有双面界碑，上书“前有礼堂，已逾廿稔，不敷应用，更谋推广，购地鸠工，斯堂乃成”及“监理公会、救世

大礼堂

堂、民国十三年五月”字样。教堂室内为二层，部分区域有三层，内部设有大礼堂、小礼堂、办公室等功能空间。一楼被用作礼堂，西侧是圣台，二楼目前作为办公室使用。教堂正立面每层楼都配备了拱窗，让明亮的光线能进入室内。

牧师楼位于礼拜堂的西南侧，是一座混合结构建筑，其平面呈现曲尺形状，朝南一侧为二层建筑，朝东则是三层，外墙均采用红砖砌筑，屋顶覆盖红瓦，每层均设有窗户，原为木质红窗，现部分窗户已更换为铝合金窗并安装了防盗网。东侧楼房屋顶设有两扇老虎天窗。室内有方柱木构件双跑式楼梯，地面铺设磨石子地坪。楼与楼之间有通道相连。

如今救世堂不仅作为宗教场所向公众开放，还不定期举行各式公益活动。

琴川河畔的故影：
圣巴多罗买堂旧址

圣巴多罗买堂旧址，原称“七弦河宗教（基督）建筑”，2009 年被市政府列为常熟市文物保护单位，2022 年改称“圣巴多罗买堂旧址”。

圣巴多罗买堂旧址位于常熟市虞山街道环城北路 10 号，临七弦河畔与琴川河交会处，原名为七弦河宗教（基督）建筑。这座教堂的历史可追溯到清宣统二年（1910），美国传教士卫尔生在此购地建造住宅。民国十一年（1922），这里兴建教堂，并以“圣巴多罗买堂”命名。

景道堂

如今，在圣巴多罗买堂旧址上的主体教堂是景道堂。最初，景道堂原址设在城区北门大街，1959年，常熟基督教将其用作联合礼拜堂，后来，礼拜堂曾一度停止教会活动，直至1980年重新恢复。1996年，由于北门街道改造和拓宽计划，教堂被拆除。此后，景道堂在圣巴多罗买堂的旧址上重新建造，延续了这座教堂的悠久历史。

景道堂原属常熟监理公会，坐西朝东，是一座主体二层的砖混结构建筑，其中局部钟楼为三层。在景道堂正门左侧，嵌有一块金山石匾额，其上镌刻“景道堂”三个楷书大字。匾额的前款提到“中华民国二十六年夏，常熟监理公会重建”，后款注明“小钝吴曾善书”。这块石匾是原北门大街景道堂遗物。

教堂大门采用哥特式拱门设计，进入正门，南北两侧各有一木楼梯可登二楼。一楼为主堂，正前方是圣台，后方为排座，两侧设有高大哥特式玻璃窗。景道堂南侧立有钟楼，其顶部有醒目的红色十字架标志。

景道堂东侧和北侧是圣巴多罗买堂旧址现存的三幢二层西式小楼，顶部均为陡坡屋顶，覆盖着红色平瓦。这些建筑南北立面

礼拜堂

牧师楼

公益服务社

西式小楼住宅

各具特色，外墙采用红砖扁砌，装有玻璃短窗，整体建筑呈现出方正匀称的风貌，属于典型的美式宗教建筑风格。其中，东侧的牧师楼设有英式前廊，由两根砖砌立柱贯穿一二层的阳台，走廊上设有木质百叶门通往室内，内部设施齐全，包括火炉、壁炉、卫生间等。当时，这座牧师楼是美国传教士的居住地，也是常熟城内最豪华的西式建筑之一。现在，这座牧师楼被用作教堂的办公场所。另外两座西式小楼分别被用作公益服务社和住宅。

圣巴多罗买堂旧址与新建的景道堂产权目前都归属于常熟市基督教会三自爱国运动委员会，现统称为“常熟市基督教堂”。教堂平日会不定期举办公益义卖活动。新式景道堂与三幢西式小楼相得益彰，共同构成了琴川河畔一道亮丽的风景线。

姜潭渔火边的网船公所：
木渎天主教堂

木渎天主教堂，又名“耶稣圣心堂”，旧称“网船公所”，始建于民国九年（1920），2014 年被公布为苏州市控制保护建筑。

民国时期，随着西方宗教文化的传入，天主教在苏州乡村和邻县传播迅速，在这一背景下，木渎的天主教堂应运而生。坐落于木渎镇小窑弄 10 号的木渎天主教堂建于民国九年，由上海法商电气公司董事长陆伯鸿兴建，教徒主要是木渎周边的渔民，当时

木渎天主教堂

侧立面

观音兜山墙

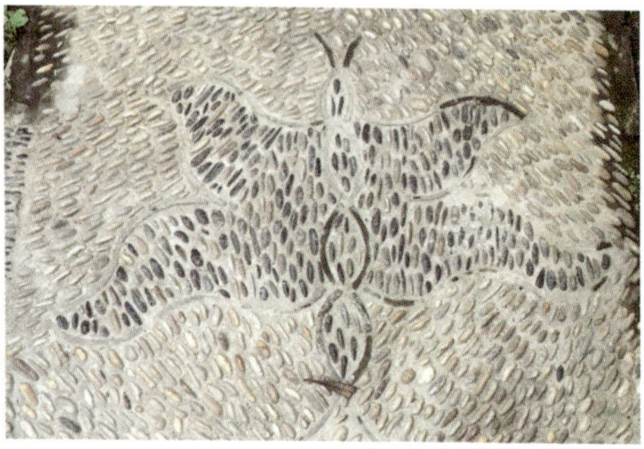

鹅卵石铺地

这里成为当地渔民教友的聚集之所，俗称“网船公所”。“文化大革命”期间，教堂遭到破坏，后作为单位宿舍分配给企业职工使用。1999 年，随着宗教房产政策的实施，原有居民被迁出。2004 年，教堂恢复宗教活动。

木渎天主教堂现存教堂本体、庭院和附房。教堂外立面采用

礼堂

青砖扁砌，用水泥浆勾缝。大门、方柱和屋檐下的四周以红砖扁砌作为装饰，色彩对比鲜明，外观更加引人注目。

这座教堂的正门入口由三扇大门组成，中间正门稍大，两侧边门相对较小。正门上方镶嵌匾额，上书“天主堂”和“万有真原”，顶部竖有十字架。教堂的东西两侧山墙各设五扇尖拱形哥特式窗户。教堂内部正前方是圣台，后方摆放着棕红色木质排椅。墙角两侧摆放着耶稣像和玛利亚像。室内屋架采用方柱木构件，柱身两侧装饰铁架壁灯，呈现出西式典雅的造型风格。房梁上悬挂着多块不同风格的匾额。

教堂与附房之间相连的小庭院铺满了鹅卵石，庭院内绿树成荫、花草茂盛，为教堂增添了自然的生气。附房采用传统的观音兜山墙，将西方建筑元素与中国传统建筑风格巧妙结合。附房用于日常生活，一楼设有厨房和休息室，二楼为卧室。

木渎天主教堂是苏州木渎古镇的代表性建筑之一。

近代西式建筑的精品：
东吴大学旧址

东吴大学旧址，1991 年被公布为苏州市文物保护单位，2001 年列入江苏省文物保护单位，2013 年被国务院列为全国重点文物保护单位，2020 年被收入“第四批中国 20 世纪建筑遗产名录”。

东吴大学旧址坐落在姑苏区十梓街 1 号，即苏州大学天赐庄校区内，东临葑门内城河，与古城墙隔河相对。这所学府的历史可追溯至清光绪二十六年（1900），由美国监理会在苏州创建，是中国早期基督教会大学之一，最初称为东吴大学堂，辛亥革命后改为东吴大学。新中国成立后，历经多次更名，最终在 1982 年定名为苏州大学，成为江苏省较早的综合性大学之一。

东吴大学旧址主体建筑的兴建时间长，从清光绪年间至民国时期，分阶段陆续完工。校内的标志性近现代建筑包括校门、钟楼、精正楼、维正楼、维格堂、子实楼、体育馆等，这些建筑外立面呈现出多样的设计风格。校园整体平面布局略呈纵长方形，钟楼位于中心，主要建筑分

钟楼

东吴大学校门

校门东面门柱

布在草坪操场的北、西、东三面。这些建筑平面基本对称，融合了英国维多利亚时代的建筑风格和外廊式建筑的特点，巧妙地将哥特式与古罗马风格中的多种建筑装饰融合在一起，形成丰富多元的建筑语言，生动地展现出西方建筑特色与风采。

校门

东吴大学旧址校门朝北，建于民国三十七年（1948），校门上方横额上书“东吴大学”，系著名书法家翁同龢题写。校门背面两侧刻有校训“养天地正气，法古今完人”，该校训为第一任华人校长杨永清所提议。校门的东侧立柱上还刻有“民国三十七年戊辰级重建”字样，标示着校门的历史。整座校门建筑外观呈白色，有四根柱子和三个门道，线条简洁流畅，犹如一座庄严的牌坊。

钟楼

最早被称为“林堂”，以纪念学校创始人之一的林乐知而得名。该建筑始建于光绪二十七年（1901），并于清光绪二十九年竣工，是东吴大学最早建成的教学楼，位于校园中心位置，由英国设计师负责设计，现成为苏州大学校级行政办公楼。因其顶部中央装有一座报时大钟，而被称为“钟楼”。

钟楼是一座主体三层、局部六层的混砖结构建筑，外墙主要采用青砖扁砌，以红砖勾勒框架和窗楣。柱式、线脚和花饰部分采用石材，打造出青红白相间的色彩质感。高耸的钟塔在外廊和两侧壁柱的衬托下显得格外优雅和挺拔。建筑融合了古典的拱券和罗马柱，形成了连廊。同时，外墙上装饰的不对称立面花窗、精巧的门窗与墙身雕花，凸显了浓厚的维多利亚建筑风格。无论是当时还是百年后的今天，钟楼都是整个学校的标志性建筑，代表着学校的历史和建筑文化。

精正楼

最初名为“孙堂”，以纪念首任美籍校长孙乐文。建筑坐西

精正楼

朝东，位于钟楼西侧，建造工程始于光绪三十四年（1908），并于宣统三年（1911）落成。精正楼是东吴大学兴建的第二座教学楼，现为苏州大学数学楼。

这座建筑共有四层，局部五层，平面布局基本对称。外墙整体采用红砖砌筑，局部以青砖填充，并点缀有石雕装饰。入口门廊采用哥特式尖拱券造型，门洞上装饰精美的石雕花饰。高大精美的尖拱与突出的塔楼赋予了建筑雅致又古朴的特色，建筑细部和装饰表现出精湛的工艺，整体呈现为哥特式古典复兴风格。

维正楼

原名“葛堂”，是为了纪念学校第二任校长葛赉恩的父亲而命名的。该建筑于民国十二年（1923）竣工，位于钟楼的东侧。维正楼是一座三层钢筋混凝土结构建筑，外观方正，墙面呈白色，入口大门采用尖拱门洞设计，左右两侧配置哥特式扶壁，墙体上开设方窗。该建筑的顶部曾装有哥特式白塔，然而由于战乱和年久失修，现已不存。

维正楼

维格堂

以纪念中国现代冶金工业的奠基人李维格而得名。维格堂位于精正楼南侧，始建民国二十年（1931），并于民国二十三年落成。该建筑曾一度用作学生宿舍，现为学校教学办公楼，是一幢四层钢筋混凝土结构建筑。底层外墙采用石灰岩，其余三层以红砖砌筑，顶部覆盖红瓦，墙体转角处点缀着石块装饰，呈现出古朴庄重的氛围。入口大门为长方形，线条简洁，上方镶嵌有“维格堂”字样。

子实堂

为纪念存养书院创办人之一的曹子实而命名。存养书院后来搬迁到天赐山庄并改名为博习书院，曾作为学生宿舍使用。该建筑于民国十八年（1929）竣工，位于维正楼南侧，是一座四层钢筋混凝土建筑，外墙采用红砖建造，屋顶覆盖红瓦。入口大门由白色条石制成，上方镶嵌有篆书“子实堂”字样。

维格堂

子实堂

体育馆

体育馆

原名为“司马德体育馆”，是为了纪念在东吴大学推动体育教学的美籍教师司马德而命名的。体育馆于民国二十五年（1936）落成。该建筑平面呈“H”形，是一座二层钢筋混凝土建筑，外墙采用清水红砖砌筑，屋顶覆盖红瓦，独具特色的窗户采用半圆拱券式样。大门采用白色半圆拱券，以文艺复兴式线脚作为装饰，门上方镶嵌着“体育馆”三字，由孔祥熙题写。如今，体育馆已经过整修，改为“苏州大学博物馆”，主要展示苏州大学百年校史。

夏润楼

春晖楼、秋韵楼、夏润楼、冬瑞楼

这四幢建筑为欧式风格小别墅，自建成以来一直未正式命名，其用途也几经多变。直到苏州大学百年校庆时，通过征集社会意见，才正式命名为春晖楼、秋韵楼、夏润楼和冬瑞楼。它们陆续建于 20 世纪二三十年代，最初用作教师宿舍。春晖楼、秋韵楼和冬瑞楼的外墙主要采用青砖砌筑，局部红砖装饰；夏润楼底部为青砖砌筑，上部采用红砖扁砌。目前，冬瑞楼被用作东吴书画院，其余三幢作为外国语学院办公楼使用。

东吴大学旧址展现了多样的建筑风格，包括欧洲古典式、仿中世纪城堡式、美国西部住宅式样及美国教堂式，这些风格虽各具特色，但和谐统一。它们无疑是近代建筑的精品，蕴含着深厚的艺术价值。

近代西式学堂：
景海女子师范学校旧址

景海女子师范学校旧址，始建于光绪二十八年（1902），民国二十五年（1936）重建，由我国近代建筑史上著名的上海华盖建筑事务所设计建造。2004 年被公布为苏州市文物保护单位，2019 年被公布为江苏省文物保护单位。

在东吴大学旧址北侧有一幢著名的红楼，即景海女子师范学校的主楼，现位于苏州大学天赐庄校区内，有着一百多年的历史。景海女子师范学校的前身是景海女塾，于光绪二十八年由美国监理会派往中国的女传教士海淑德创办，因此学校得名“景海”，寓意为“景仰海淑德”，旨在纪念这位杰出的女士。

这所学校在清末民初时期是一所备受尊敬的贵族学府，培养了众多杰出女性，其中包括薛琪瑛、吴贻芳、赵萝蕤、赵寄石等。史志记载：光绪二十八年，美国监理会传教士海淑德（女），在天赐庄创办景海女塾，是年 11 月 4 日正式开学。首任校长为该会传教士贝厚德（女）。1917 年，女塾改名为景海女子师范学校，由亮美兰（女）任校长。1928 年，江贵云成为学校首位中国女校长，将学校发展为既有初中又有师范部的综合教育机构。1951 年，学校由政府接管，更名为苏南幼稚师范学校。1952 年全国高等院校调整，东吴大学改名为江苏师范学院，与此同时，景海女校也被并入该校。

景海女子师范学校旧址是由著名的上海华盖建筑事务所设计的近代建筑。苏州市城乡建设档案馆内珍藏着当时完整的建筑设计图，具有较高的历史价值。旧址至今仍保留着多座西式建筑，其中包括现存的红楼、崇远楼、敬贤堂、绿楼等。

红楼正立面

红楼

主体结构保存完好，为一幢二层砖混结构建筑，始建于光绪二十八年，最初用于办公和教学，现作为会议中心使用。建筑外墙主体为青砖，部分用典雅的红砖装饰，门窗均采用拱形设计，走廊为罗马式拱券，并配置花瓶柱栏杆。正门门楣上刻有“THE LAURA HAYGOOD MEMORIAL.1903”字样，译为“纪念劳拉·海淑德，1903 年”。由于这座校舍外墙采用红砖装饰，俗称“红楼”。现一楼用作大堂，楼上用于办公。

崇远楼

原为女子校舍，建于民国二十五年，现作为外国语学院使用。崇远楼是一幢三层混砖结构建筑，外墙采用青砖砌筑，配置方形窗户，入口门洞为水洗石面，拱形设计，现上方刻有“外国语学院”字样。室内楼梯采用双分式，搭配铁艺栏杆。

敬贤堂

最初用作礼堂，建于民国二十五年，至今仍是苏州大学的礼堂。

红楼

E LAURA HAYGOOD MEMORIAL
1903

崇远楼

敬贤堂

绿楼西立面

绿楼南立面

敬贤堂是一幢二层砖混结构建筑，外墙为青砖，窗户采用竖条形水泥窗框，顶部为陡坡式铁皮屋顶，入口门洞为拱形设计，两侧设有简洁方柱，配有西式铁艺壁灯。

绿楼

原名为“绿波楼”，建于民国二十五年，曾用作宿舍，现改建为办公室和会议室。绿楼是一座三层、青砖砌筑的建筑，外墙的转角处采用角砖装饰，屋顶为四面落水设计，覆盖青平瓦。西立面的大门具有防条石门框，门楣上点缀着花纹图案，入口前设立两根罗马柱支撑起弧形券门，增添了建筑的古典美感。南立面设有走廊，配置花瓶柱栏杆。

此外，苏州大学校内还保留了景海女子师范学校曾经的传达室，为一层青砖外墙建筑，如今作为苏州大学的文创店使用。还有一座八角罗马柱的“厚德亭”，现称为“陶然亭”。

景海女子师范学校旧址建筑呈现出古朴庄严的风采，与南部的东吴大学旧址一同融入苏州大学天赐庄校区，为学校的师生提供了宜人的学习环境与氛围。它们构成了苏州最壮丽的近代西式建筑群，是苏州近代建筑历史的重要遗迹和标志性建筑。

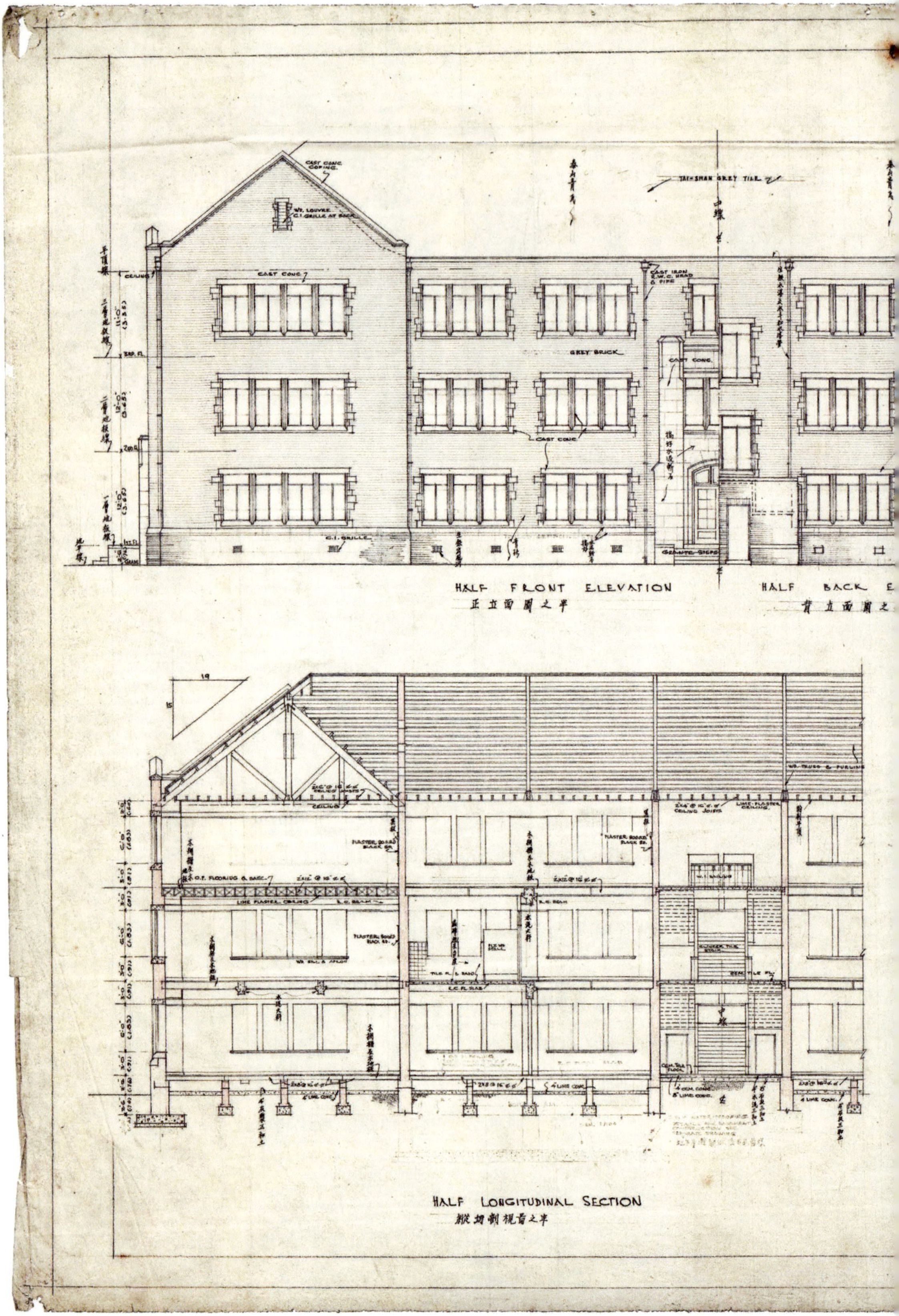

景海女子师范学校设计图稿之一

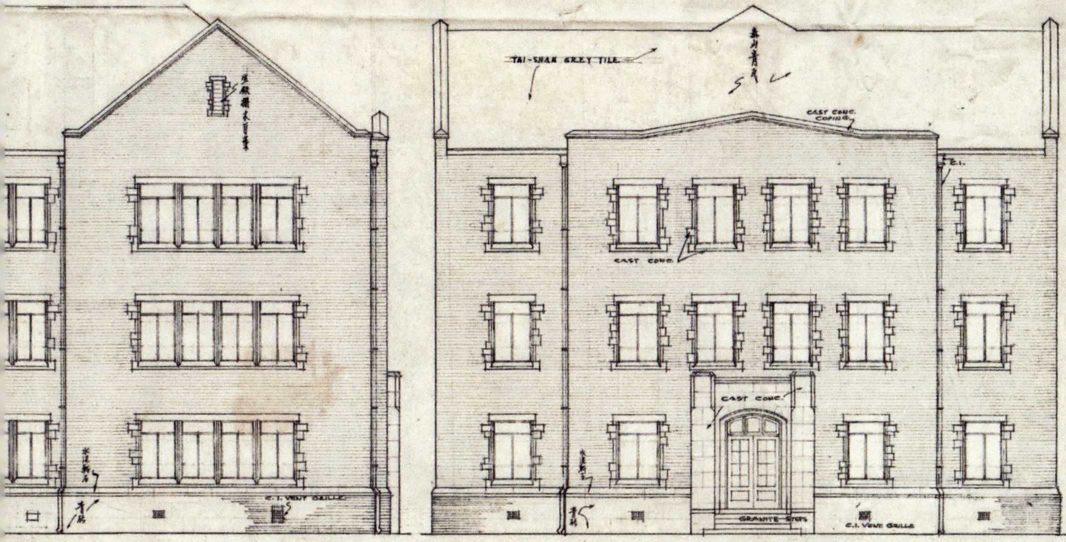

SIDE ELEVATION

旁邊立面圖

CROSS SECTION

橫切剖視圖

七月十四日改正

NEW ADMINISTRATION BUILDING LAURA HAYGOOD HIGH SCHOOL FOR GIRLS SOOCHOW - CHINA	JOB NO 24167
蘇州景海女子師範學校 校舍立面及剖面	DWG NO 4
	SCALE 1/8"=1'0"
THE ALLIED ARCHITECTS, SHANGHAI 24/200 PEKING ROAD	DATE APRIL 24 1936
SHEN CHAO M-ARCH B. CHIH CHEN M-ARCH CHUIN TUNG M-ARCH	DRAWN BY 張伯倫 TRACED BY CHECKED BY APPROVED BY

苏州美术专科学校旧址

民国四大美院之一：
苏州美术专科学校旧址

苏州美术专科学校旧址，又称颜文樑纪念馆，建于民国二十年（1931），为苏州最早成立的美术学府之一。1987 年被公布为苏州市文物保护单位，2002 年被公布为江苏省文物保护单位。

苏州美术专科学校旧址，又名颜文樑纪念馆，俗称罗马大楼，坐落于姑苏区人民路 538 号，位于沧浪亭东侧。这所学校的创立可追溯到民国十一年（1922），由颜文樑、朱士杰、胡粹中等人在海红坊创建，初为苏州美术暑期学校，后成立苏州美术学校。民国十四年，苏州美术学校将校址迁至沧浪亭内的三贤祠；民国二十年，苏州美术学校改名为苏州美术专科学校，简称苏州美专，并在沧浪亭东侧兴建了一座希腊柱廊式建筑，于民国二十一年竣工，成为苏州美专的新校舍。这座建筑的设计由上海建筑师吴希

北立面

南立面

南门

壁龛

双分式楼梯

猛和张宏负责，建造工程由张桂山主持。该学校是苏州最早成立的美术学府之一。

1995 年苏州市政府拨款对苏州美专旧址进行全面修复，并在此建立苏州美术馆和颜文樑纪念馆。该建筑保存完好，堪称 20 世纪 30 年代中国美术院校校舍的典范，也是国内甚少保留的一处民国时期四大美术名校原校舍。

苏州美术专科学校旧址是一座宏伟的希腊式教学大楼，共有三层，底层设有半地下室。这座建筑采用砖木混凝土结构，外墙呈现出典雅的灰白色调。其平面对称设计呈现出倒“凸”字造型。南立面线条简洁，南门两侧装饰有铁艺壁灯。北立面设有柱廊，间隔有序地排列着十四根高大笔直的仿古希腊爱奥尼式列柱，一字排开，气势宏伟。北面走廊内设有两个拱形壁龛，分别位于正门东西两侧的墙壁上。南立面的转角处，可见蒋吟秋书写的双面奠基纪念碑，两面字体各异，分别为篆书和隶书，上面篆刻“中华民国二十年十月一日苏州美术专科学校校舍奠基纪念”字样。室内楼梯为双分式的，同时装饰有精美的铁艺栏杆。在 2013 年经

列柱拱廊

过重新整修后，该馆免费对外开放，一楼展厅展示了颜文樑和朱士杰的作品，二楼展厅则陈列颜文樑的生平史料。

苏州美术专科学校旧址建筑精美，气势雄伟，目前主要用于颜文樑研究、展览陈列及公共教育。

退思园旁的民国范儿：
丽则女学校址

丽则女学校址，始建于宣统三年（1911），民国四年（1915）改建。1995 年被公布为江苏省文物保护单位。2013 年合并归入退思园，被公布为全国重点文物保护单位。

同里古镇不仅有着著名的江南名园——退思园，还有另一处文化价值较高的历史建筑，即丽则女学校址。该校坐落在同里古镇东溪街 55 号，毗邻退思园，始建于宣统三年，并于民国四年进行了改建。

丽则女学校址曾是民国初期培养名媛淑女的启蒙教育之地，

“诚勤朴爱”四字校训匾额

丽则女学校址

西式校门

其历史可追溯至清光绪三十二年（1906），由任传薪在自家的退思园内创办。任传薪，字味知，同里人。作为退思园第二代主人，任传薪最初在母亲的支持下，将父亲建造的退思园改建成校舍。随着学生数量的日益增多，原有校舍已无法满足需求。宣统三年，任传薪在退思园东墙外购得刘氏地基，兴建了一座二层七开间教学大楼。初创时，学校设有师范班，师资力量较为雄厚，教学设备齐全。民国四年，又在原基础上增建了一层，形成如今三层建筑的规模。新中国成立后，丽则女学校经历改制，成为同里镇小学，更名为同里镇中心小学。

丽则女学校址现今依旧保留着当年的西式校门、教学大楼及国耻纪念碑三座重要建筑。

庭院

西式校门

位于教学大楼西北侧。这座校门是在教学大楼加建期间兴建的，墙体由清水砖构成，局部采用红砖点缀，顶部设六根红砖立柱，呈八字式。原本校门前曾有铁艺栏杆和木门，现已不存。尽管百余年过去了，从斑驳的门头上，我们依然能感受到当年校门的秀丽与挺拔。

教学大楼

整座教学大楼为三层七开间，是一座清水砖木结构建筑，屋顶为歇山式，覆盖小青瓦，屋檐处有飞椽挑出。教室宽敞明亮，布局合理。大楼门窗设计别具特色，窗框上部装饰半圆形碹，下部窗框醒目突出，窗玻璃上装饰着花纹，三楼的窗户为长方形。

一楼设置券廊式拱形门柱走廊，二楼北立面拥有通长阳台，

雪耻亭

五月九日国耻纪念碑

配备花瓶柱栏杆。北侧三楼正中央镶嵌有石块，上书“诚勤朴爱”，是为校训，由知名藏书家傅增湘题写。此外，南侧的墙上还刻有《校宇记》碑文，为国学大师钱基博所撰。

五月九日国耻纪念碑

丽则女学校址园内还有一座四角凉亭，为“雪耻亭”，亭中竖立着一块石碑，该碑是在民国四年由全校师生建立的，以抗议袁世凯与日本签订卖国条约。碑为青石材质，呈圭状，其正面刻有“五月九日国耻纪念之碑”字样，上款有“民国四年”，落款为“丽则女学同人”，石碑的背面刻有碑文，由钱基博撰写，吴芝瑛书丹，碑文现已模糊不清。

2015年，同里古镇保护管理委员会对丽则女学校址进行了修缮，现作为一家品牌酒店经营使用。丽则女学校址现成为一处可以住下的“民国学堂”，为人们提供了独特的住宿体验。

现存原校舍建筑较多的教会学校：
桃坞中学旧址

桃坞中学旧址，创办于清光绪二十八年（1902），现存建筑分别建造于光绪三十三年（1907）至民国二十二年（1933）间。1991年被公布为苏州市文物保护单位。

在苏州古城区的桃花坞小巷深处，坐落着一所百年老校——苏州市第四中学，前身是苏州私立桃坞中学，位于姑苏区宝城桥街8号。

桃坞中学是在清光绪二十八年，由美国基督教圣公会创办的，最初设立在桃花坞廖家巷，名为“圣公会中西学堂”，首任校长为韩汴明，当时学生仅有四人。次年，学校搬迁到宝城桥街（现址）。随着学生不断增多，校舍规模扩大，光绪三十四年，学校正式更名为“桃坞中学”，并成为上海圣约翰大学的附属中学之一。宣统二年（1910），美籍教士梅乃魁担任该校校长，倾心投入学校发展，在他的领导下，学校相继兴建了一批西式校舍，用作教室、体育室、实验室、校长室、办公室及教师住宅等。1952年，学校由政府接管，改名为“苏州市第四中学”。2021年，学校再次更名为“苏州市桃坞高级中学校”。

新中国成立后，该校保留了大多数校舍建筑的完整性，成为苏州现存的原校舍建筑中保存较多的教会学校。现存历史建筑六幢，均采用砖木混合结构，分别为梅香楼、理堂、健身房、沁芯楼、锺书楼、解放楼。

梅香楼

理堂

梅香楼

又称“和平楼”，建于光绪三十三年，位于理堂东侧，大门朝南，是一座二层西式建筑，曾是梅乃魁校长的住所。梅香楼的外墙在修复后采用锦砖贴面，配置拱形短窗，屋顶开设老虎天窗。

理堂

民国十二年（1923）落成，曾名科学堂，新中国成立后称为实践楼，后来复名“理堂”，现在用作多功能教室大楼。理堂是一座三层西式建筑，外墙采用清水砖扁砌，用红色涂料粉刷，开设拱形门窗，室内配置双跑式楼梯。

健身房

落成于民国十二年，是当时苏州第一个健身房，其规模在1979年得到了扩大，面积为576平方米，并于1999年进行重修。

沁芯楼

锺书楼

解放楼

沁芯楼

建于民国十五年，位于梅香楼北侧，曾用作外籍教师的单人宿舍楼，现为政教处和团队办公楼。外墙为锦砖贴面，顶部是双坡式屋顶，红瓦覆盖，设拱形门窗。南侧二层设有露台，围精美铁艺栏杆。

锺书楼

又称“民主楼”，建于民国二十一年，曾作为校政厅使用。2001 年，学校改造校舍，为纪念校友钱锺书，将此楼命名为“锺书楼”。大门朝南，对开的木门上设有弧形水泥门罩，用于遮挡阳光和雨水。顶部设老虎天窗，覆盖红平瓦，室内原有壁炉，配置双跑式楼梯。

解放楼

民国二十二年，学校在操场北侧兴建了两幢相连的二层西式楼房，用作校外教师宿舍楼，称为解放一楼、解放二楼。外墙采用青砖砌筑，屋顶为歇山式，用小青瓦覆盖，屋脊设纹头脊，门窗为方形。

多年来，学校不断蓬勃发展，为国家和民族培养了众多杰出的人才，其中包括文化学者钱锺书、中国科学院院士潘承洞、化学家张青莲、工程师张问清等。目前，学校也在积极修缮、维护使用这些建筑，以满足现代化教学需求，既保留了建筑的历史风貌，也注入了现代教育的生命力。

尽东南之美的苏校先河：萃英中学旧址

萃英中学旧址，于2004年被公布为苏州市文物保护单位。

在姑苏区阊门义慈巷15号内，有一所百年老校舍，在2004年被公布为苏州市文物保护单位，名为萃英中学旧址，现为苏州市第五中学。

校舍最初名为萃英书院，由美国传教士海依士博士创办于光绪十八年（1892），是一所教会学校，当年学生仅五人。光绪二十年迁至带城桥阔家头巷。光绪二十六年（1900），海依士将葑门木杏桥戈乐寿住宅改建为院舍。光绪三十年，迁至阊门义慈巷。宣统三年（1911），学校改名为萃英中学。民国十三年（1924）改行新学制，为两级中学，分为文科和理科。抗战全面爆发后，该校停办，民国二十七年（1938），学校迁至上海，加入华东联合中学，葛鸿钧为校长。民国三十年后，该校随华东联合中学内迁。

1952年，学校由人民政府接管，与圣光中学合并，成立苏州市第五中学。

学校现存四幢民国建筑：萃泓楼、萃泽楼、萃英楼、萃渊楼。

萃泓楼

建于民国十年，曾为校长葛鸿钧及教师的宿舍，20世纪60年代也曾作为归国华侨学生的宿舍使用，故人们称其为“侨生楼”。房屋坐北朝南，为二层砖木混合结构建筑，外墙原采用青红砖相

萃泓楼

萃泽楼

萃英楼

间砌筑，现已粉刷成白色，门窗设拱形，两面有回廊，屋顶开设老虎天窗，为欧式维多利亚风格的建筑。楼前设创始人海依士和张治中将军胸像。

萃泽楼

建于民国十年，曾为校长宿舍，之后为学生宿舍楼。为二层砖木混合结构建筑，平面呈曲尺形，外墙原采用红砖砌筑，现已涂上白色涂料。

萃英楼

建于民国十一年，曾为教师宿舍，现为行政办公楼，为二层砖木混合结构建筑。外墙由红砖砌筑，屋顶覆盖铁皮，门楼上设镂空阳台，室内设欧式壁炉，为典型的欧式维多利亚风格建筑。

萃渊楼

萃渊楼

曾作为礼拜堂使用，原名思海堂，因纪念学校创始人海依士博士而得名。建于民国十五年（1926），于民国二十一年扩建北侧礼堂。萃渊楼是一幢三层的砖木结构建筑，外墙由红砖砌筑，顶部覆盖红色铁皮，开老虎天窗，带烟囱。设方形门窗，窗框上下部均设简洁条石。室内有双跑式楼梯。当年一楼用作办公室和教室，二楼为物理、化学、生物室和图书馆，三楼是师生宿舍。萃渊楼曾是萃英中学标志性建筑，现为大礼堂与校史馆。

校园内树影葱茏，环境宜人，其中巍然矗立的香樟古树已有四百多岁，默默见证着学校辉煌的历程。学校自创办之初，就率先引入了西方先进的文理科教育体系和教学管理方式，培养了众多杰出的社会领袖和学界精英，因此享有“尽东南之美”的美誉。

中国近现代农业教育史的缩影：
省立第二农校旧址

省立第二农校，于民国元年（1912）创建，现址落成于民国三年，前身为苏州府官立农业学堂。2014 年被公布为苏州市控制保护建筑。

省立第二农校旧址坐落在苏州城西上塘河畔，姑苏区西园路 279 号，前身为苏州府官立农业学堂。清光绪三十三年（1907），学堂由苏州知府何刚德创办，最初设立在盘门内小仓口。辛亥革命后，学堂被政府接管，民国元年，江苏省临时决议会决定创建省立第二农业学校，首任校长为王舜成。王舜成曾留学日本并获农学硕士学位。

民国二年，学校选址在阊门外下津桥运河沿岸的一片荒地建立新校舍，于民国三年竣工，学校迁入，新校门临河，后门在西园路。民国十六年（1927），学校更名为国立第四中山大学区立苏州农业学校，抗战时期，学校被日军占领后停办。民国三十五年（1946）复校，更名为江苏省立苏州高级农业职业学校。1952 年，江苏省人民政府成立，将学校定名为江苏省苏州农业学校。2001 年，苏州农校成为全日制公办普通高等学校，更名为苏州农业职业技术学院。

省立第二农校旧址现存建筑包括建于民国时期的一幢教师办公室平房及一块校址界碑。此外，校内还有民国时期遗存的古树名木等。原教师办公室平房，现辟为校史馆，位于农校南大门东侧。办公室平房平面呈“凸”字形，采用砖混柱承重结构，是典型的欧式建筑风格。屋顶铺盖红色平瓦，外墙用青灰和暗红两种颜色

农校旧址

平房

西式拱门

罗马柱

浮雕装饰

的砖块“混搭”扁砌，用水泥浆勾缝。平房外墙上开设拱形木框玻璃窗，简洁明快。中间伸出的抱厦式拱门，前置五级花岗石台阶。拱门由扁方柱、罗马柱和屏风墙等构件组成，顶端竖起一座略呈扇形的屏风墙。

校史馆北面的小庭院转角处镶嵌着农校界碑，这块花岗岩界碑形制少见，呈直角相交的竖曲尺形，俗称“两面界碑”。界碑的两面均用隶书镌刻“省立第二农业学校”八字，为阴刻嵌红繁

走廊

两面界碑

体字。

自创建以来，省立第二农业学校培养出了众多杰出的农业技术领域的先驱和专家，其中包括著名园艺学家章守玉、果树学先驱胡昌炽、蚕学家孙本忠、林业专家胡大勋及生物学教育家费鸿年等。在相当长的一段时间内，农校的办学历史和成就，正是中国近现代农业职业教育发展的缩影。

甪直崇文重教的见证：
叶圣陶墓及执教处旧址

叶圣陶墓及执教处旧址，1997 年被公布为吴县市文物保护单位，2019 年被公布为江苏省文物保护单位，2023 年被列入苏州市红色地名名录。

叶圣陶墓及执教处旧址位于甪直古镇保圣寺西侧，与寺院仅一墙之隔，原为吴县县立第五高等小学（简称“五高”），现改建为叶圣陶纪念馆。其正门额上镌刻着赵朴初题写的“叶圣陶纪念馆”字样。

这里最初曾作为甫里书院使用，咸丰十年（1860）遭受战火摧毁，光绪十五年（1889），甪直乡绅沈国琛、殷槭等集资重建。光绪三十一年（1905），废除科举制度，甫里书院更名甫里公学。民国初期，先后改名为吴县甫里小学、吴县县立第五高等小学。1917 年至 1922 年间，叶圣陶应邀至吴县县立第五高等小学任教，他视甪直为自己从事教育改革和新文学创作起步的地方，并亲切地称其为“第二故乡”。1988 年，吴县县委统战部、吴县政协将“五高”旧址修建成叶圣陶纪念馆。2000 年，叶圣陶纪念馆进行了重建和扩建工程。2014 年，纪念馆重新布置并再次对外开放。

叶圣陶墓及执教处旧址现存建筑有四面厅、鸳鸯厅、女子楼。

四面厅

曾用作博览室，为四面环通、形似方亭的建筑风格，四周围以回廊，内四界，顶部为船篷轩。四面厅正中央悬挂一幅楹联，上书“松柏有本性，园林无俗情”，正中桌上放置叶圣陶雕像。

四面厅

四面回廊

鸳鸯厅

鸳鸯厅内部

女子楼

鸳鸯厅

曾是教师办公室兼集体宿舍。南厅与北厅中间有夹弄，南厅为扁作抬梁式，北厅为圆作抬梁式。另设有观音兜山墙。

女子楼

曾是叶圣陶夫人胡墨林的执教场所。坐落于园内东侧，建筑呈南北朝向，为四开间的两层楼房，楼上用作教室和办公室，楼下设礼堂。

1988 年，叶圣陶先生骨灰归葬于角直，墓园选址于“五高”旧址北侧，墓碑呈石墙形状，碑墙上镌刻着赵朴初题写的“叶圣陶先生墓”字样。

如今，叶圣陶墓及执教处旧址已改建为叶圣陶纪念馆，在修缮过程中，园内新增了一排平房作为展厅，主要展示叶圣陶生平事迹及曾使用过的生活用品等。该馆现已被公布为江苏省学校德育教育基地、江苏省爱国主义教育基地、苏州廉政教育基地。

第三章　工商服务业

鸦片战争后，在民族危机的刺激下，以张謇、盛宣怀、荣氏兄弟等为代表的苏商，崇尚实业、重教崇文，他们创办的实业无论数量和规模都引人注目，是中国近代商业兴起的标志之一。

西中市

锦绣繁华的阊门大街：西中市

西中市，宋、元时名皋桥西巷，清代改成阊门大街，1966 年改名井冈山西路，1980 年恢复现名，曾是苏州繁华的金融商业中心。

清末民初，姑苏区阊门内的西中市金融商业繁华，民国时期更甚，沿街商铺林立，尤其以钱庄为主，之后还涌现各类银行和商铺。西中市全长 480 米，宽度在 10 — 14 米之间，东起皋桥，与东中市相接，西至阊门城门口，与阊胥路交会。

据记载，光绪三十四年（1908），苏州拥有 24 家钱庄，其中西中市就集中了 20 家。德馨里自咸丰时期起便充当了官银出入的代理机构场所。光绪二十九年（1903），隶属于苏州巡抚衙门的苏裕苏官银钱局在德馨里成立。民国三年（1914），中国银行在德馨里开设首家支行。随后，西中市相继成为诸如江苏银行苏州分行、交通银行苏州分行、上海商业储蓄银行苏州分行、中国国货银行苏州分行、中国通商银行苏州分行、华孚银行苏州分行、苏州惠商银行、淮海实业银行苏州分行、东南实业银行苏州分行等多家银行的所在地。

除金融行业外，当时西中市的商业也蓬勃兴旺，各类商铺鳞次栉比，其中一些著名的商号，如雷允上诵芬堂药铺、陆稿荐酱肉、六宜楼菜馆、鲍德润茶号等，为西中市的热闹氛围增色不少。

随着各行业的繁荣，西中市的建筑风格受到外来文化的影响，展现出了西式洋房甚至融合中西元素的建筑特色。新中国成立后，西中市经历多次修复和重建。2008 年，市政府对西中市历史文化

雷允上诵芬堂药铺

砖木结构楼梯

街区进行修复和改造，一些老建筑回归了旧时风貌，最大限度地保留了这片老街的原汁原味。

雷允上诵芬堂药铺

建于民国二十四年（1935），位于西中市 134 号。建筑采用钢筋混凝土结构，坐北朝南，外墙呈明黄色。大门为简洁的石库门，门上悬挂有“雷允上”匾额。一进店铺，朝南方向挂有一块老匾额，上书“雷允上老药铺”，入内便是药房，内设有砖木结构楼梯，配以木质花瓶柱扶手。雷允上诵芬堂药铺在 2004 年被公布为苏州市文物保护单位。

德馨里

晚清时期，西中市及支巷的德馨里是众多钱庄的集聚之地。这一地区的金融体系经历了多次发展，呈现多元化风格，从咸丰年间的清政府官银钱店到光绪年间的江苏裕苏官银钱局，再到民国时期的江苏银行苏州分行和中国银行苏州分行，以及后来的交通银行苏州分行。这些机构的存在使金融行业的活力不断增加。

德馨里是一处规模可观的海派里弄式建筑群，基本保持原貌，内有几十个门牌，大多是独立门堂的多进二层楼庭院。每幢洋房都采用砖混柱承重结构，屋顶覆盖平瓦，俗称洋瓦。外墙由清水砖墙砌筑，用水泥浆勾缝，坚固耐用。整个建筑群呈“田”字形布局，由两条小弄分隔成四个区域，分别朝南北和东西方向延伸。南门位于天库前，北门位于西中市。东西向的小弄，东侧通往舒巷，西侧通往贻德里。每个出口处均附设有曲折小弄，里弄口的过街楼现尚存，这一防盗设计有助于加强当时银钱业机构的安全性。

德馨里的建筑风格别具特色，外立面为西式民国风，内部则是传统的清式二层楼庭院结构。楼房的中心通常不设楼层，留出高大的中庭空间，顶部设有天幔和天窗，以加强室内采光和通风。楼上各房间的门都朝向中庭的共享空间，四周设走道，配有木栏杆。形成了楼上办公洽谈、楼下票据和银两兑换等金融业务的独特布局，便于银钱业务更加高效便捷。

吴县田业银行旧址

简称“吴县银行”，坐落于西中市144号。该银行于民国十一年（1922）创立，行址设于观前街208号，由当地田业公会发起设立。创办之初，银行内分设营业部、储蓄部、信托部、办事部等。后因抗战全面爆发被迫停业。抗战胜利后，于1946年恢复营业，1947年更名为“田业银行”。最终于1949年停业。

西中市的吴县田业银行旧址是一幢典型的前店后宅式民国商铺建筑，兴建于20世纪三四十年代，曾作为吴县银行在阊门的办事部。一层南侧曾用作贮藏室，北侧包含辅房和灶间。沿街立面

吴县田业银行旧址

为水泥墙，线条简洁。从二层起，设四柱三间冲天式的西式风格外墙，窗框上下部分装饰着凹凸线条，顶部有观音兜式女儿墙，中央饰有泥塑字额“吴县田业银行”。

2008 年，西中市的街巷历经全面改造后，吴县田业银行旧址立面也经过加固和维修，基本恢复原有风貌。

如今的西中市，尽管昔日的金融商业繁荣已成往事，略显陈旧的街区却充满着浓厚的市井氛围，有着深厚的历史与文化魅力。

早期苏州工业的燎原星火：
苏纶纱厂旧址

苏纶纱厂建厂时间为光绪二十一年（1895），现存的厂房建筑多为20世纪50年代建造，2009年被公布为苏州市文物保护单位。

甲午中日战争后，中国战败，激发了国内实业救国的热潮，兴办民族工业成为时尚。苏州早期的民族工业主要集中在胥门外地区，其中包括苏州发电厂、祥生油厂、民丰锅厂和鸿生火柴厂等重要工厂。此外，在青旸地，也有苏纶纱厂、太和面粉厂等产业。苏纶纱厂作为青旸地最负盛名的代表，如今已成为一处富有纪念意义的地标。

苏纶纱厂历史沿革历经清代、民国和中华人民共和国三个重要时期。19世纪末，苏州被公布为对外开放的通商口岸之一。为应对日本的经济入侵，两江总督张之洞提出在苏州兴办纱厂，并在清光绪二十三年正式投产，厂址设在盘门外青旸地，由实业家陆润庠担任创设人。民国十六年（1927），实业家严裕棠独资买断该厂，创建光裕营业公司。次年改名苏纶纺织厂，生产各类布匹。新中国成立后，厂址迁至古城南门地区，并在多次更名后，最终定名为地方国营苏州人民纺织厂。1998年，该厂资产重组，成为股份制的新苏纶纺织有限公司。2005年，由于经营不善，公司宣告破产。随后苏纶厂地块进行拍卖，通过商业化的改造，新的多元化综合性商业体得以建立。2009年，苏纶纱厂旧址被列入苏州市文物保护单位。

现今，苏纶纱厂的旧址位于南门人民路239号。其中大部分

苏纶场外观

职工俱乐部

的建筑是在 20 世纪 50 年代兴建的。当时，为了满足生产的增长需求，建造了一批厂房。除了车间外，还建有办公楼、职工医院和职工俱乐部等。苏纶纱厂旧址辟为商业区后，取名为“苏纶场”，在这一旧址内，仍然完好地保存了八处珍贵的建筑遗构，其中包括一座雄鹰雕塑、职工俱乐部、职工医院、车间、别墅和职工宿舍等。这些建筑遗迹代表了苏纶纱厂旧址的历史和文化价值，也是该地被公布为苏州市文物保护单位的主要实物例证。

在厂房旧址原入口处，矗立着一座花岗岩雕塑——一只飞翔的雄鹰，其造型如同典雅的华表。这座雕塑采用了高浮雕技法，形态别致且寓意深远。雕塑底座上的盘龙造型，既代表着工厂的位置靠近盘门，又寓意为中华民族的崛起。而雕塑顶部的展翅雄鹰，则象征着苏州纺织工业的腾飞。

在雄鹰雕塑附近，有四幢紧紧相邻的建筑，分别为两幢职工宿舍、职工医院和职工俱乐部。其墙体为青砖扁砌，门楣和窗楣上用红砖镶嵌，装饰成优雅的弧形曲线。屋顶覆盖平瓦，形式为

雄鹰雕塑

职工宿舍

青砖小洋楼别墅

双坡屋顶。此外，还有青砖砌筑的小洋楼别墅，拱门和雕花装饰美轮美奂。

西部的车间原是两层建筑，后改建为三层平顶楼房。这些建筑的外立面造型各异。有的屋檐向外突出，带有砖砌长方形烟囱，用作壁炉排烟通道；有的洋楼配有外挑阳台以供倚栏赏景；有的主楼连接八角形附楼，别具一格；有的建筑设置露天台阶式楼道用以节省空间。

这些建筑经过活化改造后，已被重新用于多种不同业态，包括餐饮、娱乐、办公和国医馆等。然而，近年来，面对激烈的市场竞争和周边新兴商业体的涌现，苏纶场的经营情况面临挑战，其发展空间受到一定的制约。因此，苏纶场也在尝试精准定位经营目标，调整业态以更好地抓住商机。

苏州近代工业的开始：
鸿生火柴厂旧址

鸿生火柴厂旧址建于民国九年（1920），为苏州现代工业的象征，2004 年被公布为苏州市控制保护建筑。

近代工业的蓬勃发展离不开便利的交通条件。在早期，苏州古城通过修建大马路（现阊胥路）及利用京杭大运河，为工业的繁荣创造了独特的优势环境。在这一背景下，胥门外的鸿生火柴厂应运而生。

鸿生火柴厂旧址位于苏州胥门外新市桥码头附近，背靠大运

鸿生火柴厂旧址

东立面

河，紧邻大马路，交通运输十分便捷，同时也有利于应对火灾。鸿生火柴厂于民国九年，由中国近代著名爱国实业家刘鸿生创办。刘鸿生最初在英商开办的开平矿务公司上海办事处（也就是后来的开滦集团）推销煤炭，随后涉足投资火柴、水泥、毛织等行业，被誉为“中国火柴大王”和“毛纺业大王”。

苏州鸿生火柴厂是刘鸿生投资实业的第一个项目，其产品商标以北寺塔为图案，称为“宝塔牌”。20 世纪 30 年代初，在刘鸿生的倡导下，苏州鸿生与荧昌、中华三家公司合并，成立大中华火柴股份有限公司，刘鸿生担任总经理。1956 年，私营鸿生火柴厂与中南火柴厂等四家企业合并，重新组建为公私合营鸿生火柴厂，1966 年更名为苏州火柴厂。1992 年，苏州鸿生火柴有限公司成立，1998 年公司解体。

西立面

现存建筑中保留了一处原办公楼，为一座砖木混合结构的二层楼房，坐东朝西。其外墙青红砖相间，面阔七间，歇山式屋顶，顶部覆盖青瓦，东、西立面均设有券柱装饰，窗户为百叶窗。楼房整体外立面由传统青砖砌筑，每层楼顶部及每个窗户上的拱券用红砖装饰，是典型的中西合璧式建筑。

鸿生火柴厂作为苏州现代工业的象征，如今仅存的一座民国时期楼房仍然傲立于护城河畔。它不仅是苏州环古城风光带的一道独特风景，更是苏州市民心中永不熄灭的历史之火。

沈氏跨街楼

国内古镇少见的建筑业态：沈氏跨街楼

沈氏跨街楼，建于民国十二年（1923），2005 年被公布为吴江市文物保护单位。2014 年，沈氏跨街楼与芦墟镇其他片区跨街楼总列为苏州市文物保护单位。

跨街楼，又称骑街楼，沈氏跨街楼兴建于清中叶至民国时期，坐落在芦墟社区，为芦墟古镇标志性建筑之一。该建筑由跨街楼、商铺、居民楼相互连接而构成，在市河两岸形成了一条独特的廊棚、水阁和河畔风貌。

抗日战争时期，跨街楼内大片楼房被烧毁，现保存完好的有沈氏跨街楼、许氏跨街楼、西栅跨街楼等建筑。此外，东南街司浜北端、东南街铜匠湾、西南街南洋旅馆、南袁家浜北岸、西北街洪昌板桥以北直至牙防所，仍然保留着历史的痕迹。这一独特的建筑群于 2014 年被列为苏州市文物保护单位，范围从观音桥延伸至檀家桥，东西延伸至河道跨街楼界墙。

芦墟跨街楼最具代表性的是位

船厅

于市河上东南街 116 号的沈氏跨街楼，为典型的下店上宅、前店后宅格局建筑。始建于民国十二年，由沈氏兄弟沈泳霓、沈泳裳建造。在 20 世纪七八十年代，这里相当于一个繁忙的百货集市，两侧商铺琳琅满目，提供各类生活必需品，如油盐酱醋、五金配件、拖鞋凉帽等，应有尽有，满足居民日常生活需求。

新中国成立后，沈氏跨街楼曾一度成为机关单位和民宅聚集区。在早期，一些重要的银行机构，如人民银行、税务所、农村信用社、农业银行等在此长期设立，因此俗称“老银行里”。

沈氏跨街楼大门朝西，房屋共有五进，面阔五间。第一进临河而建，为码头船厅，临河船厅正中间设有双落水河埠，便于货物运输及人员进出。沿着河边的河驳岸垒砌筑齐整坚固，上面有

“棣萼联辉”字额

“吴兴世泽”字额

雕刻精美的缆船石。下水口采用整石金山石雕凿。船厅为硬山式顶结构，覆盖小青瓦屋面，呈现出古朴而独特的风貌。

第二进为门屋，大门临街，面阔三间，硬山式屋顶，屋面由小青瓦覆盖。门屋上层与主屋相连，通过木构件楼梯可通往楼上，一直延伸到船厅，这是跨街楼的特色，楼下便是人来人往的东南街。在门屋后檐处，设有一座砖雕门楼，门额上雕刻“棣萼联辉”，两侧兜肚已受损，屋脊保留着鱼龙吻脊装饰。

第三进是三合院，院内设二层砖木结构建筑，硬山式屋顶，顶部覆盖小青瓦。室内用方砖铺地。后檐处也设有一座砖雕门楼，

东南街

第四进楼房

门额雕刻着“吴兴世泽”，寓意为祖籍吴兴（今浙江湖州），两侧兜肚已模糊不清，门楼下枋雕刻聚宝盆，寓意为招财进宝。

第四进同为三合院，院内有二层砖木结构楼房，硬山式屋顶，青瓦覆盖，配备落地门窗，海棠花窗装饰。二层设挑廊，配以简洁木质栏杆，走廊栏板上雕刻西式花纹。

第五进为附房，通往后河。沈氏跨街楼前后都紧邻河流，在当时是一处规模可观的大户人家住宅。

跨街楼冬暖夏凉，为居民和商铺提供了遮风挡雨、避免日晒的便利。中间为街，两侧为商铺，楼面跨街，内接老宅，推窗临水。这一独特的构造在国内的古镇中并不常见。

驳马桥石板街

古村里的民国风貌：
歇马桥石板街

歇马桥石板街，总长 74 米，街宽 2 米至 2.15 米不等，两侧商铺多为民国时期建造，2013 年被公布为昆山市文物保护单位。

歇马桥村位于昆山市千灯镇石浦南郊，东临上海市青浦区。该村因南宋抗金名将韩世忠在此驻扎军队，歇马练兵而得名。如今，古村已获江苏省文明村、江苏省生态文明建设示范村及中国传统古村落等荣誉称号。

歇马桥村内保存着众多颇具价值的古建筑群，大部分建筑兴建于清末和民国时期。这些建筑包括传统的香山帮建筑、中西合璧的建筑，以及一些当代建造的构筑物，它们共同构成了村庄独特的建筑风貌。古村内的石板街两侧商铺大多为民国时期建筑。

歇马桥石板街位于村内石浦河西侧，这一石板街上的楼房均采用砖木结构，临河而建，呈带状空间分布。沿街两侧及支巷分布着二层小楼和平房，这些建筑中既有居住的老宅，也有“一宅两制”的商铺，还有活化利用的纪念馆。建筑通常为粉墙黛瓦、硬山式顶，临河的花岗岩河岸上设置河埠台阶，居民可逐级而下用水。

石板街上一些楼房墙角处砌入了花岗岩镇石，有的形制为长方形，上面镌刻“太岁”两字，有的则使用现成的圆形石磨盘。它们的作用与“石敢当”镇石一样，被人们视为具有辟邪作用，讨吉利口彩，体现了传统的吉祥民俗文化。此外，“一宅两制”的商铺，往往底层辟为商铺，楼上为居住空间。石板街上还有一

石板街两侧

处中西合璧的老茶馆，外墙青砖扁砌，其间镶嵌红砖作为装饰，茶馆大门为传统的中式落地长窗，黛瓦屋檐下悬挂着“歇马桥老茶馆”匾额。

民宅建筑群中有一座建于民国时期的花园式小型民居，名为林轩。大门采用月洞门制式，门楣上镶嵌着“林轩”砖额。推门入内，是一座花木扶疏的小园。幽静的园内，有一倚墙半亭，飞檐翘角，还有一棵树龄三百多年的黄杨树，郁郁葱葱。

2019 年，石板街周边的建筑经历了一轮全面整治和修复。同时，老街上的古宅也得到了新的活化利用。这次整治不仅使古老的街区焕发新生，还兴建了四座重要的爱国主义教育文化场馆：新四军淞沪抗日史迹陈列馆、周达明烈士纪念馆、韩世忠纪念馆及韩世忠纪念广场。

临水而建的楼房

此外，石板街管理者还围绕“吃、住、玩”的理念，引入了一系列新的精品业态，包括咖啡店、民宿、餐饮等，将古村遗韵与现代流行巧妙融合，使石板街成为年轻人喜欢的“网红打卡地”，进一步推动了乡村文旅产业的发展，为当地经济和文化注入了新的活力。

三十六座桥，七十二只窑：祝甸窑址

祝甸窑产生于明末，现有遗存始建于清代，扩建于民国时期。2004 年，祝甸窑址被公布为昆山市文物保护单位，2006 年被公布为江苏省文物保护单位。

祝甸窑址坐落于昆山市锦溪镇朱浜村祝家甸自然村，古窑群历史可追溯到清代，扩建于民国时期。锦溪镇曾以砖瓦和石灰窑业而闻名，自古就有“三十六顶桥，七十二只窑”的美誉。

锦溪的砖灰窑业历史悠久，分布广泛，覆盖了各个乡镇，祝甸村是其中尤为集中和重要的代表。新中国成立后，其他村庄的古窑逐渐被拆除，唯有祝甸村仍坚守着盘窑和烧窑的传统工艺。

祝甸窑址入口

祝甸古窑址

祝甸窑址中现存的古砖窑有十余座，形式上分为双窑（子母窑）和单窑两种类型。根据其用途，分为乌窑和白窑。大部分古窑保存完好，窑炉均采用砖土结构，顶部呈穹窿形状。这些古窑中，有的砖壁上还保留着清代时期的图案，如“双钱”和“双胜”；有的刻有“双利”“利”“双砖”“8 协”“双 205”等字迹，显示出这些砌砖是在民国或新中国成立初期由上海商榻所制。

窑址中九号窑保存最为完整，由多个关键组成部分构成，包括窑棚、烧坑、窑道、火膛、窑床、排烟道、蓄水坑及渗水池。这座古窑的内部结构呈现出多种不同形态，各具特色，功能齐全。此外，古窑的外部砖壁和窑门两侧还设有壁龛，可用于摆放茶水等物品。

2009 年，锦溪镇对祝甸窑址进行了修缮和改造，旨在还原江南古窑的独特风貌，如今已建成别具特色的遗址公园。公园入口

双窑

九号窑

原砖厂

处设有砖壁，题为“锦溪祝甸古窑遗址”，园内花木扶疏，湖岸绿地上分布着十余座古窑，错落有致。祝甸古窑遗址公园东侧，还建造了祝甸古窑文化园，在原砖瓦厂的基础上进行加固和创新改造，打造成一个集旅游项目培育、文创基金引进、项目运营培训、非遗文化展示和特色民宿群等多功能于一体的江南水乡文化创意产业园。

祝甸窑址不仅是江南地区唯一保存下来的砖窑遗址，也是整个江苏省内分布密度最为集中的一组古窑址群。这一独特的历史遗产承载着丰富的文化价值，为我们深入研究江南地区的古窑发展提供了不可估量的宝贵资源。

五丰面粉厂旧址

工业遗存的历史见证：
五丰面粉厂旧址

五丰面粉厂旧址，建于民国三十三年（1944），建筑面积为552平方米，2011年被公布为江苏省文物保护单位。

在昆山市娄江南岸河畔，矗立着一座富有历史价值的民国老厂房，被称作五丰面粉厂旧址，也称为五丰德记面粉厂旧址，坐落于朝阳街道小虞岸社区小西门。

昆山自古以来就是鱼米之乡，主食的制备一直占据着当地居民生活的核心。传统的手工制米方式在这里代代传承，以制米行业为基础的制粉行业也陆续兴起。

20世纪40年代初，昆山市的面粉制造业逐渐向工业化转型。民国三十一年，粮商张国梁与合作人共同筹集资金，创建了集丰面粉厂，地址设于仓潭弄。同年，五丰面粉厂也落成开业，选址于距离集丰面粉厂不远的正阳桥边。随着面粉厂规模的不断扩大，民国三十三年，五丰面粉厂迁址至小虞河西岸，兴建了如今的四层楼厂房。之后由于经营困难，五丰面粉厂在民国三十六年转手给商人王富亭，并更名为天丰面粉厂。新中国成立后，这家面粉厂以公私合营的方式继续运营。1965年，天丰面粉厂并入国营昆山第一米厂。1982年，国营昆山第一米厂的经营模式发生重大改变，被撤销并重新设立为国营昆山面粉厂。2009年，五丰面粉厂旧址被公布为昆山市文物保护单位。

如今，面粉厂已搬走，旧址仅存一座四层砖混结构建筑，建筑面积为552平方米，保存完好。其平面布局呈长方形，外墙采

小虞河西岸

木门

石块镶嵌

用青砖扁砌，硬山式屋顶上覆盖着青瓦，开设有老虎天窗。建筑使用方形木制门窗，窗框上下部采用条石装饰。对开的木门两侧镶嵌石块，左右两侧分别镌刻“中华民国三十三年十月建造”“五丰德记面粉股份有限公司”字样。

五丰面粉厂旧址是昆山仅存的一处民国工业遗迹，具有较高的文物价值，是昆山市近代工业发展的重要历史见证。

苏州现存古老的菜场之一：
中区小菜场旧址

中区小菜场，又称石桥菜场。建于民国十八年（1929），占地面积约 164 平方米，2019 年被公布为苏州市文物保护单位。

中区小菜场，又称石桥菜场，坐落于吴中区东山镇石桥村内。清道光五年（1825），洞庭东山人徐学巽和叶长福创建了山间义渡，在此设立船只码头。随着义渡的兴办，这个地方逐渐演变成了一个繁忙的集市。民国时期，这里曾作为石桥乡公所所在地，民国十八年，中区小菜场在此处建立。民国初期，东山后山地区划分

门楼局部

门楼

菜场房屋

为南、中、北三个区。南区以杨湾村为代表，北区以陆巷村为代表，石桥村位于杨湾村与陆巷村中间，因此被称为中区，故菜场得名中区小菜场。然后，由于战争的爆发，义渡被迫停办，这里的商铺也日益衰落。

中区小菜场旧址现存门楼、小桥和两幢房屋。

小菜场的门楼与传统的江南水乡门楼截然不同，是独特的中西融合海派风格，别具一格。门楼朝西，整体采用清水砖扁砌，两侧配有清水砖门柱。门额上镌刻着“十八年仲秋，中区小菜场，江州施澂书”字样。门楼的字额上方雕刻着牡丹花图案，顶部设观音兜，中间有精美花卉图案点缀。门洞设拱形，青红砖相间的装饰也呈弧形。

门楼前的一座单孔洋灰水泥拱桥横跨在清澈的河流上，简洁朴素，与小菜场周边环境相得益彰。

院落

菜场内设有两幢规模基本相同的房屋，屋前设宽敞院落，院内用青砖铺地。屋顶均采用四坡歇山式，用冷摊瓦覆盖。房屋呈南北布局，中间设有过道，面阔三间，采用圆作穿斗式的房屋构架，前后砌有清水砖墩，稳固且实用。此外，菜场开设后门，通向背后的小巷，方便村民进出。

中区小菜场停办空关后，曾一度被村民用作存储柴火和建筑材料等物品的场所。近年来，菜场经过修缮，已恢复原有风貌。中区小菜场旧址是民国时期的一座公共设施建筑，应是苏州现存古老的菜场之一，其独特的风格和装饰方式在古村落中并不常见。

1926年的星级酒店：群乐旅社旧址

群乐旅社旧址，建于民国十五年（1926），2014年被公布为苏州市文物保护单位。

在吴江区平望镇司前街21号，有一幢别具特色的民国时期旅社旧址，曾闻名于当地，即群乐旅社旧址。它由平望商人吴梅先创建，社址南临古运河，北向司前街。

抗战时期，这个地方曾充当革命的重要阵地，中国共产党在此展开地下革命活动，建立起平望地区的第一个党支部和农村党支部。1948年，群乐旅社更迭所有权，由叶宏昌接手经营。1956年，

群乐旅社旧址

“回”字形走廊

玻璃穹顶

西立面

群乐旅社与东方旅社合并，成为平望旅社合作商店。20 世纪 70 年代，旅社经历改组，转型为公共住房，由平望房管所进行管理。

群乐旅社旧址现存一幢三层砖木楼房，屋顶为歇山式，由青瓦覆盖，外墙呈现出斑驳的灰白色调，西立面的方形窗户上塑有优雅的弧形装饰。

旅社从正面看似乎只有两层，从临河背面看，则为三层结构。内部别有洞天，一楼地面铺设磨石彩色水门汀，楼上地面铺设木板。楼房中央设置了“回”字形的走廊，顶部配置玻璃穹顶，使得室内光线自然柔和。走廊内装有精致的护栏杆，廊柱间设有雕花挂落，室内配备方柱木构件楼梯。造型各异的彩色灯具别有风味，洋溢着复古优雅的氛围。

群乐旅社旧址建筑布局结构精致独特，是民国早期旅馆行业的生动缩影，不仅见证了平望镇近代旅馆行业的发展，同时蕴含

南临运河

楼梯

挂落

着丰富的历史和建筑艺术价值。

2016 年，群乐旅社旧址经过全面修缮，焕发了新的生机，现已成为集旅游咨询、导游讲解、志愿服务、参观展示等功能于一体的平望运河历史文化街区旅游驿站。

独特的江南河廊水乡：
铜罗枫桥河廊

铜罗枫桥河廊建于清末民初，两侧共有店铺三十二间，曾是古镇的商贸中心，2014 年被公布为苏州市文物保护单位。

铜罗，又以严墓而闻名，坐落于苏州市吴江区的南部，如今隶属吴江区桃源镇的铜罗社区。这里在元朝之前被称为铜罗村，元朝至正年间（1341—1368），人们在此地发现西汉辞赋家严忌的墓穴，将铜罗村更名为严墓。民国十八年（1929），严墓升格为镇。1956 年，吴江全县进行撤区并乡的改革，恢复原名铜罗。

枫桥河廊

枫桥河廊概貌

枫桥

铜罗枫桥河廊沿枫桥河两岸呈东西向分布，河廊上的桥呈南北分布，两岸大多为清末民初建筑。枫桥河廊呈现出独特的空间布局，两侧河岸建筑为“楼房—廊道—河流—廊道—楼房”的结构。自西向东，依次连接着南北的枫桥和思源桥。北岸为民主街，由三组河廊构成，南岸为胜利街，由两组河廊组成。

河廊建筑形式大多为单坡，个别为双坡，两侧的建筑大多是一层，少数有二层。沿河设立邮局、商铺、民居等，共三十二间房屋。房屋均为砖木结构，墙体呈白色，屋顶覆盖着青瓦，梁架结构为穿斗式，地面铺设着“人”字形黄道砖。廊棚高低起伏，观音兜山墙、马头墙和风火墙错落有致地分布其中，屋脊装饰有纹头脊或哺鸡脊，门窗为木制。河岸配有方柱石栏杆，部分还设有坐槛和吴王靠。临河设有间隔不等的河埠。

廊上设立商铺

枫桥位于铜罗老街的中心，其南侧通向南街，北侧通向北街。曾经，这座桥扮演着古镇的核心角色，是南北交通的唯一纽带，承载着古镇南来北往的繁忙往来。桥身与两岸连廊相互连接，老街两侧商铺林立，涉及餐饮、茶馆、百货、烟酒、糕点、饭店等多种行业，热闹又繁华。

这座廊桥保存完好，百年来见证着铜罗老街的历史发展，是独特的人文景观之一。

南门坛上的民国遗韵：
老三星副食品商店旧址

老三星副食品商店旧址，最初为亚洲饭店的一部分，建于民国时期，2017 年被公布为常熟市历史建筑。

在常熟南门坛上的历史文化街区，保存着一批具有深厚历史背景的清代及民国时期商业建筑。其中，老三星副食品商店建于民国时期，是一家历史悠久且规模宏大的老字号，坐落在古城区街道君子弄与平桥街之间，与和平理发店相邻。最初建立时为亚洲饭店的一部分，新中国成立后转型为副食品商店，名为“老三星茶糖店”，随后更名为“老三星副食品商店”，沿用至今。

2017 年，老三星副食品商店旧址被正式公布为常熟市历史建

老三星副食品商店旧址

老三星副食品商店外立面

筑。如今，商店的外观结构已根据民国二十七年（1938）的老照片进行了翻修，以还原民国时期亚洲饭店的风貌。

老三星副食品商店现存一幢二层砖木结构楼房，是典型的中西合璧骑廊式建筑风格。房屋坐东朝西，屋顶为硬山式，外墙粉刷成乳白色，二楼外立面采用传统苏式玻璃窗，一字排开，以满足良好的通风和采光需求。

一楼商铺临街，前设置骑廊，既便于顾客在商店间穿梭，又可遮蔽烈日风雨。骑廊采用砖混结构，相连的廊柱上悬挂着西式壁灯，在夜间提供照明。一二层之间的外墙上挂有门店招牌“老三星”。

老三星副食品商店自民国时期以来一直保持着其原有功能，采用传统开放的方式进行经营，为研究常熟近现代商业发展史提供了宝贵的实物史料。随着整修后重新开业，这家老字号商店焕发出崭新的生命力。店内陈列着各类商品琳琅满目，吸引了众多顾客，为南门坛上的市井文化注入了新的活力。

上簇楼

蚕桑文化的情怀：
浒关蚕种场旧址

浒关蚕种场旧址，前身为大有蚕种场，建于民国十五年（1926），是当时全国规模较大的蚕种场。

浒关蚕种场旧址位于古运河畔，高新区浒墅关桑园路333号，建于民国十五年。苏州自古就秉承着植桑养蚕的传统，“湖中诸山，以蚕桑为务，女未及笄，即习育蚕”，素有“丝绸之府、锦绣之地”之美誉。

19世纪，随着工业化进程的加速，丝织工业蓬勃发展，丝织品需求急剧增加。欧洲对生丝的需求持续上升，进而增大了对中国生丝的依赖。在浒关与无锡的交界地带，农民意识到养蚕业的利润丰厚，开始种桑养蚕。然而在那一时期国内外不稳定因素多，国内蚕丝业一直缺乏系统性的科学研究，导致蚕桑和制丝技术明显落后于国际水平。

为改变我国蚕丝业的滞后状态，著名的蚕丝教育家、现代蚕丝业的奠基人郑辟疆多次前往日本考察蚕丝业，与日本蚕学专家建立了紧密的联系。他深刻认识到，要改进我国的蚕丝业，首要任务是改良蚕种，而要振兴蚕丝业，则必先提倡蚕丝教育。为实现这一目标，郑辟疆在浒墅关积极从事蚕丝教育事业，开展实践活动，创办蚕种场，致力于培养蚕丝技术专才，推动蚕丝技术的革新。

浒关蚕种场的前身为大有蚕种场，由郑辟疆创办，由邵申培任蚕种场总经理。这一年正值丙寅年，浒关名为虎疁，因此蚕种

办公楼

场便将“虎”牌注册为商标。鼎盛时期，郑辟疆在全国拥有十二家大、中型制种场，制种场生产的虎牌蚕种声名远扬。郑辟疆的制种场在民国时期成为全国规模最大的蚕种场，对全国蚕桑业的发展产生了深远而广泛的影响。

民国二十四年（1935），江南丝织厂开始运营，与蚕种场形成了一条完整的丝绸产业链。公私合营后，大有蚕种场改为苏南公私合营吴县蚕种制造场。1978 年，由江苏省农林厅接管，改为江苏省浒关蚕种场。2018 年，开始启动蚕种场保留建筑修缮保护工作，后期规划为大码头项目一期蚕里。

浒关蚕种场旧址现存建筑包括一座办公楼、两座蚕室、一座催青室及一座上簇室。

办公楼是典型的民国风格建筑，为二层砖木结构，长 22.78 米，宽 10.45 米，高 12 米，总建筑面积约 470 平方米。青瓦覆盖的屋顶与灰色的水泥墙面相得益彰，8 根别具特色的欧式罗马立柱表面装饰有瓜子纹，使得这座中西合璧的办公楼更加壮观。

上簇楼

上簇楼是一座红砖建筑，红漆木窗点缀其外墙。尤为引人注目的是，底端开有一排双格的红漆木窗，这是一种养蚕特有的建筑方式。上簇是养蚕最后阶段的重要工作，其管理质量直接影响蚕茧的品质和价格。优质的上簇室应该选择高而通风良好的地方，光线分布均匀，且易于控制温度和湿度，以确保蚕茧的高产和高质量。反之，如果上簇室条件不佳，可能导致蚕茧品质下降、价格降低，以及产量减少。

上簇楼东侧是催青室，催青室相较于别的楼层高些。外墙和屋顶均采用水泥建造。催青室对设计有着明确的需求，包括保温、保湿、均匀的光线分布和良好的通风条件。因此，催青屋顶需要有天花板，南北方向设置窗户，还应包括内部走廊。此外，催青室的入口不能直接与外界相通，以避免室内温度和湿度的急剧变化。

原大有蚕种场的蚕室，通过改造成为蚕里展览馆，陈列着有关蚕桑业的各种物件。

催青室

养蚕、种桑、织丝，这些传统，是苏州人难以割舍的乡愁和珍贵回忆。浒关蚕种场旧址是我国蚕桑业发展的重要历史见证，如今已成为浒墅关大码头项目中备受瞩目的主题板块之一——蚕里街区。这片街区以蚕种场民国建筑为基础，打造浒关记忆馆，彰显着浒关丰富的人文内涵。

近代农田水利科研机构遗存：
山湖饭店旧址

山湖饭店旧址，原为庞山湖农场办公楼，建于20世纪30年代。2008年被公布为吴江市文物保护单位，2014年被公布为苏州市文物保护单位。

山湖饭店旧址，原为庞山湖农场办公楼，位于吴江区松陵镇油车路166号。庞山湖农场全称为庞山湖稻麦良种繁育场，其前身是模范灌溉庞山实验场，位于吴江城区以东三千米，是民国时期围垦庞山湖而成。

20世纪30年代初，为促进农业生产的发展，举办大规模试验

山湖饭店旧址

外立面

外墙浮雕

柱头

拱窗装饰

农场。民国二十二年（1933），水利专家、近代长江治理的奠基人孙辅世担任模范灌溉庞山实验场主任，实施庞山湖浚垦计划，将此地作为水稻的实验农场。随后，庞山湖农场在松陵镇建立办公楼，内设技术科、总务科、行政科等部门。直至20世纪80年代，庞山湖农场办公楼改为山湖饭店。近几年，办公楼转手给私人，现作为医院口腔门诊部使用。

现存的山湖饭店旧址为二层带阁楼建筑，坐北朝南，面阔五间，宽15米，进深11.2米。外墙为青砖砌筑，表面覆盖白色水泥，硬山式顶，南侧临街，设立罗马柱拱门，柱头上饰以花瓣状叶子，墙面及半圆拱窗下装饰各式花卉水果等精美图案，外观独特，是一座典型的中西结合的民国时期建筑。

作为中国近代首批农田水利科研机构，模范灌溉庞山实验场的设立在全国近代水利发展史中占据着重要地位。而办公楼所在的山湖饭店旧址，作为历史建筑遗存，成为珍贵的历史见证之一。

第四章　里弄住宅

在上海海派建筑风格的影响下，苏州产生了里弄式住宅。这种融入了西方建筑风格的海派公寓，民间俗称洋房、洋楼，以 20 世纪 30 年代前后为盛。

楼房别墅

侨乡的南洋乡情：
振东侨乡

振东侨乡，建于民国十五年（1926）至民国十七年之间，是苏南地区目前为止发现的唯一侨乡，也是该地区现存最为集中的民国建筑之乡，2009年被公布为昆山市文物保护单位。

振东侨乡地处于苏州市昆山和太仓交界的周市镇东方村，由孙中山先生身边的部分海外归来的广东籍和福建籍卫士集资兴建。当时陆续建成有六十二幢西式住宅，另又建起学校及其他一系列公共设施，如仓库、码头、议事楼、邮局、池塘、农产品加工厂等，还成立了“振东农垦公司”。

由于战乱的侵袭，许多建筑遭受破坏，房屋受损严重，部分宅主也纷纷离开。新中国成立后，部分建筑由当地村民居住，有些为侨胞后裔居住。现今，通过政府的修缮和保护，侨乡留存下来的小洋楼，还原了旧时风貌。

振东村现存各类西式建筑住宅共二十八幢，均为独栋小别墅，坐北朝南，空间宽敞，以一层平房居多，兼有二层洋楼，均为典型的欧式风格，俗称“红房子”。屋面覆盖红色平瓦（洋瓦），雌雄爿互相咬合，坚固防漏，形制以四坡顶为主。外墙用红砖以沙包式扁砌，用水泥浆勾缝，不抹墙粉。别墅内设置会客室、卧室、厨房、卫生间和杂物间。一些别墅前栽植的棕榈树仍为当年的原物，充分体现了侨乡的南洋风情。

平房别墅一

平面呈长方形，屋顶覆盖红色平瓦，朝南屋檐下，装饰着一

平房别墅一

平房别墅二

排菱形图案挂落。屋檐东面一前一后伸出两根扁长方形的砖砌烟囱，前为会客室壁炉烟道，后为厨房间烟道。别墅南墙前设置走廊，四根方柱排列其间，两侧设置花瓶式栏杆。青砖南墙上，中间为门，两侧开窗。长方形的窗户，设置对开的木构百叶窗，门楣和窗楣上均镶嵌红砖条装饰。进入室内，两侧房间分列，东侧依次排列会客室、卧室、杂物间和厨房，西侧则依次为三间卧室和卫生间。会客室原有的壁炉已不存，厨房间使用瓶装液化气，卫生间则配置了淋浴设备。

平房别墅二

该别墅门牌标志为 28 号。其形制和内部布局与之前描述的平房别墅相似，不过厨房仍然保留了原有的砖砌灶台，使用废弃的木材和树枝作为燃料。与众不同的是会客室铺地。通常在西式建筑中，地面会采用进口的彩色方砖铺地，这种地砖质地坚硬，表面绘制精美的几何或花卉图形。然而，该别墅的铺地却采用中国传统的团寿图案，会客室的踢脚线也别出心裁地采用花纹图案，装饰独特。

楼房别墅

该别墅形制为二层建筑，面积大且私密性强。底层为会客室、

室内厨房通道

团寿图案铺地

侨乡陈列馆

楼房别墅

方形木制窗

走廊拱券

卫生间和厨房，楼上为多间卧室。青灰色的外立面上，四根方柱间隔有序排列，贯通二楼。底层设置走廊，走廊两侧配有花瓶柱栏杆，上方悬挂两只红灯笼，彰显了江南传统民俗文化。楼上朝南有三个并列的拱券门宕，为观景阳台，造型优雅，下部设置花瓶柱围栏，上部的弧形门楣涂以红色，与青灰色外立面相得益彰。此外，有的二层楼别墅，外立面不用方柱而采用圆形罗马柱，别具一格。

侨乡陈列馆

东方村内有一处用围墙围住的庭院，辟为侨乡陈列馆。庭院砖砌的围墙上，镶嵌着孙中山先生的名言——“天下为公”，铁艺大门立柱上悬挂着题为“孙中山与振东侨乡陈列馆”的牌子，旁边还挂有“昆山市统一战线教育实践基地”等多块牌子。入内，映入眼帘的是一尊孙中山先生雕像，摆放在庭院前，雕塑后方是一幢体量宏大、美轮美奂的二层别墅，即为陈列馆。外墙采用青砖扁砌。朝南正立面上有四根方形立柱，间隔出三个拱券门。门楣上方用红砖镶嵌出典雅的半圆形，装饰美观。二楼的正立面制式与底层对称，朝南为通长阳台。二楼拱券门的下部设置花瓶柱围栏，可居高临下倚栏赏景。陈列馆东西两侧的山墙、底层和二楼均开设长方形窗户，配置木构百叶窗，便于通风采光。底层和二楼陈列了丰富的图文资料，展示了关于孙中山和振东侨乡的历史信息。这座陈列馆不仅是一个村史陈列馆，还兼具小型孙中山纪念馆的功能。

振东侨乡是一个典型的中西合璧式建筑村落，是苏南地区目前为止发现的唯一侨乡，同时也是该地区现存最为集中的民国建筑之乡，为当地的侨胞们留下永远的乡愁记忆。

现代风格的高级住宅群：
金城新村

金城新村，建于 20 世纪 30 年代中期，占地面积为 1 万余平方米，建筑面积为 4419 平方米。

金城新村坐落于姑苏区五卅路北侧 148 号，原为吴县救济院感化习艺所。民国二十四年（1935），由金城银行苏州支行总经理王季勉出资购置，产权为公私合营银行，随后在此兴建高档独栋别墅群，成为金城银行高级职员住宅群。1949 年，解放军第三野战军在金城新村成立上海战役临时指挥机关。1956 年，“金城

金城新村正门

金城新村住宅

新村”名称取消，此地被政府征购，由苏州地委专员公署常驻办公；1983年，江苏省地市改革调整，金城新村先后成为中共苏州市委所在地、各民主党派的办公场所。

金城新村原有住宅10余幢，现存9幢，均采用钢混结构，具有典型的西式二层建筑风格，外观设计简洁，墙体呈白色，线条整齐划一。建筑面积各不相同，最大的建筑面积达600平方米，中等面积为280平方米，最小面积为180平方米，以满足当时各种家庭规模和需求。

每幢建筑外墙均采用拉毛水泥面，屋顶转角处点缀回纹装饰，覆盖青瓦，屋顶的设计为斜坡屋顶与露天晒屋巧妙结合，错落有致。每幢楼房均设有正门、边门和后门。门窗为玻璃钢窗，此外，二楼配备三个不同大小和朝向的阳台。室内空间宽敞，顶部饰以泥墁，方柱木构件楼梯简洁实用。内部布局合理，有卧室、书房、

东阳台

回纹装饰

南阳台

西阳台

会客室等功能区域，同时马桶、浴室、自来水管等卫浴设备齐全。

金城新村的住宅群与里弄式住宅有所不同，布局相对宽松，但并不显杂乱，每幢建筑各成一体，居住环境更舒适敞亮，楼间绿树掩映。金城新村是民国时期苏州建筑中独具特色的新式公共住宅。

近年来，金城新村被规划为五卅路子城片区保护区域，已列入江苏省首批城市更新试点项目，目前正在施行保护修缮及改造工程。

苏州古城里弄建筑之典范：
同德里、同益里

同德里、同益里，建于20世纪30年代初，属于较为新式的石库门建筑，2019年被公布为苏州市文物保护单位。

同德里与同益里相邻，位于姑苏区五卅路北段西侧，东临五卅路，与草桥弄相对。该地段最初为宋代平江府的木兰堂遗址，民国初，成为皇废基鱼塘。20世纪20年代，北局小广场附近开明大戏院兴建时，将挖出的泥土填埋于此。20世纪30年代初，上海大亨杜月笙在这一地段兴建房屋出租，命名为“同德里”，取“共沐德泽”之意，俗称“杜公馆”。同一时期，时任国民政府财政部常务次长的贾士毅与浙江商人汤健初也在此建造了与同德里布局相似的里弄小区，称之为“同益里”，寓意为“共同受益”。新中国成立后，同德里与同益里成为苏州专署机关干部住宅区。

2007年，同德里、同益里被一并纳入政府的特色街巷综合整治实事工程中。政府秉持着“修旧如旧”的原则，着重对道路、墙体、管网、大院、立面、绿化等进行全面的综合配套整治，恢复了此地原有的特色和风貌。

同德里和同益里的建筑群相互毗邻，整体布局紧凑有序，呈现出散发状的结构，而建筑的平面布局各具特色。

同德里

东侧入口以庄重典雅的石库门为特色，两侧设方柱，门楣呈弧形，雕刻巴洛克风格的卷涡状花纹，中央嵌有“同德里”砖额。

同德里

同德里新式石库门建筑

同德里 14 号

同益里 5 号

房屋外墙采用青砖扁砌，用水泥浆勾缝，“人”字形山墙设计，屋顶覆盖小青瓦，天井铺设水门汀。一楼设有落地长窗，配以半墙短窗，二楼则围以木裙板和木质短窗。室内分为起居室、卧室、厨房、卫生间和楼梯间等多个功能区域，楼梯为方柱木构件。

同德里的建筑平面布局包括两种形式：新式石库门建筑与新式里弄建筑。

新式石库门建筑，坐北朝南，呈两间一厢布局。石库门的门框使用汰石材料，门头设拱券，门楣装饰花草浮雕图案，精致典雅。

新式里弄建筑，坐西向东，呈单开间布局。门框同样也采用汰石材料，门头饰以简洁现代的凸形图案。

同益里

东侧大门设拱券式石库门，两侧设方柱。门额上书“同益里”。

房屋通常为二层砖木结构建筑，山墙呈“人”字形，屋顶覆盖青瓦，天井铺设水门汀。室内一楼为客厅、厢房、楼梯、厨房和卫生间，二楼则包括起居室、厢房和阳台等。屋内铺设地板，

同益里

同益里新式石库门建筑

顶部装饰简单线脚，素雅简洁。

同益里的建筑平面布局为三种形式：老式石库门建筑、新式石库门建筑和旧式木门樘建筑。

同益里1号是一座老式石库门建筑，包括两座楼房。主楼位于东侧，建筑布局为三间二厢二进式，外墙由红砖砌筑，木制门窗，屋顶覆盖青瓦，并开设老虎天窗。外框石库门由红砖砌筑，内框为汰石，门楣呈弧形，雕刻有精美的花草浮雕图案。附楼位于西侧，入口处为简洁的石库门，中枋两侧装饰吉祥图案。庭院宽敞，内部附楼为一座二层砖木结构建筑，外墙采用青砖砌筑，二楼设木质通长阳台，配置简洁木栏杆。东西楼之间有通道相连。

同益里2号至4号为旧式木门樘建筑，其建筑布局更为紧凑，入口处设有单门板，进门便是楼梯间。

同益里5号至12号为新式石库门建筑，采用二间一厢布局，门框为汰石材料，门楣装饰着精美花纹。一楼为木制落地长窗，配置半墙短窗。

同德里、同益里代表了中西建筑文化交融的新型建筑形式，融合了中式传统和西式住宅特点，是古城内难得的民国建筑群。

承德里

海派代表性建筑：
承德里

承德里，又称叶宅承德里，建成于 20 世纪 30 年代中期，2014 年被公布为苏州市文物保护单位。

承德里，坐落于姑苏区观前街西段北侧，南临观前街，北至银房弄。民国二十年（1931），承德里由庆泰钱庄老板叶振民及“承德银团”共同出资筹建，因叶振民为主要股东，得名叶宅承德里。

住宅采用上海公寓里弄式样，由上海建筑师设计。建成后，

承德里主通道

双眼圆井

窗户

高标准的住宅吸引了许多高级银行职员来当租户。新中国成立前，住宅 13 单元曾为《大江南报》社址。苏州市房地产档案馆中珍藏着一份民国三十五年（1936）承德里土地所有权登记声请书，其中详细记录了有关承德里的产权信息。

承德里共有 9 幢建筑，37 个单元。该社区主要通道宽度为 4.2 米，另 4 条支道宽度均为 3 米，总长 275.2 米。建筑主体为二层砖木混合结构，砖混柱承重，设双坡屋顶，覆盖红瓦，外墙为清水墙，由“九五”式红砖砌筑，用水泥浆勾缝。

在主干道北侧入口处有公共井台，井台上设有黄石双眼圆井，井栏制式分别为圆形和内圆外六角形。主道两侧是排列整齐的“红房子”，住宅大门不是传统的花岗岩石库门，而是采用水泥混细石子制成的仿石条边框，俗称“假石库门”。长方形窗户立面装

承德里 3 号

饰丰富，以凹凸线条、几何图形等元素点缀，造型立体。门口为两扇对开木门，入内为天井，一楼设落地长窗，客厅用仿花砖铺地，屋顶饰以泥墁，楼上为亭子间和露天晒台，便于晾晒衣物，朝南设有外挑式小型阳台，带有铁艺栏杆。每幢住宅通常前后设有天井，与支道相通，便于通风和采光。

承德里为典型的海派建筑，地处喧嚣闹市中，目前依然是众多家庭的安居之所。

信孚里

民国苏州的“幸福里”：信孚里

信孚里建于民国二十二年（1933），为一处海派里弄石库门形制里弄建筑，1991年被公布为苏州市文物保护单位。

在古城姑苏区五卅路南端有一处气派的青砖联排别墅，这便是信孚里。信孚里所在地原为清代巡抚中军衙门旧址，后信孚银行购得此处地产，于民国二十二年兴建一片高档住宅区，将其命名为信孚里。信孚银行全名为信孚商业储蓄银行，由原吴县田业银行经理林幼山发起，与费仲琛共同筹建。初创时费仲琛任董事长，林幼山担任总经理，银行业务涉及储蓄、房地产领域。

信孚里最初建成后，用于出租给信孚银行的高级职员。1953年，信孚里将地产转售给苏南工业专科学校。学校搬迁后，作为苏州医学院的教工宿舍使用。1994年，沿十梓街楼房被改建成商业用房。1999年，由于街道拓宽改造，部分房屋被拆除。

巷道

罗马式拱门

住宅石库门

信孚里为海派石库门里弄住宅群，坐北朝南，正门朝南，紧邻十梓街，楼房西墙沿着五卅路。正门是一座壮观的罗马式拱门，门楣上装饰着精致的花草纹堆塑，并镶嵌有“信孚里”和“1933”字样。信孚里主通道沿南北纵向延伸，东西横向排列五条平行支道，这些支道最初通向五卅路，每个通道口都配置罗马式拱门，后为便于统一管理支道，通道口封闭。罗马式拱门仍保存至今，左右两侧的方形水泥门柱上，排列着间隔有序的沟槽，底部为方形基座。门楣为弧形，上方镶嵌有“信孚里”字额。此外，在西北墙角处设有边门，门额上刻“信孚里”。

信孚里现存五幢砖混结构的联排住宅，门面为“人”字形山墙，外墙由清水砖沙包式扁砌，用水泥浆勾缝，墙基经过水泥加固。屋面初设平瓦，翻修后改为小青瓦。建筑采用传统三合院式布局，建筑面积有所不同，分为三间两厢式和两间一厢式，以天井为中心，各房间围天井布置。

石库门设计典雅别致，两侧为花岗岩条石门框，门框内配置两扇对开木门，门楣采用希腊三角形花式装饰。两侧设木制长方形窗户。入门为天井，朝南是客厅和起居室，客厅用马赛克地砖铺设，东西两侧设厢房。客厅后方则是厨房、卫生间和楼梯。楼层的平面布局相似，楼梯为方柱木构件双跑式，配有条式木栏杆。房间铺设地板，屋顶装饰泥墁。目前，信孚里已分隔为多户供居民居住。

信孚里外侧高墙围合，提供了良好的私密性，建筑布局井然有序，是苏州保存较为完好的民国时期里弄式公共住宅群，是五卅路与十梓街一带独具特色的历史风景线。

崇安里

曹家名医的房产：
崇安里

崇安里，又称崇安里曹宅，建于民国时期，为里弄式近代住宅建筑群，属于近代海派建筑。2004 年，崇安里被公布为苏州市控制保护建筑。

崇安里，位于姑苏区阊门内下塘街30号。因其建于崇真宫西侧，由曹沧洲之侄曹惕寅所建，故又称为崇安里曹宅，兴建于 20 世纪 30 年代，为里弄式近代住宅建筑群。

曹沧洲为清末民初杰出的名医，名元恒，字智涵。光绪年间，曹沧洲进京治愈了光绪皇帝与慈禧太后的疾病，从此声名远扬，被授予七品顶戴，并成为宫廷御医，晚年后回苏。曹惕寅，字契敬，为曹沧洲的侄子，曾跟随曹沧洲学医，精通内、外科，尤其擅长治内伤杂症，撰有《翠竹山房诊暇录稿》，颇具成就。

曹惕寅兴建的崇安里住宅区最初用于出租。1950 年后，逐渐出售给私人。

崇安里住宅建筑坐北朝南，主干道南北贯穿，通道口各设有过街楼。南入口处设简洁易边门，门框上方镶嵌砖额，砖额上“崇安里”字样已失。北端的入口大门具有民国时期特色，门额上方突显出引人注目的扇形图案，立面装饰有几何图形。

崇安里主干道两侧为住宅，东侧有三幢楼房，西侧为两幢。外墙用铭文青灰色砖块砌筑，用水泥浆勾缝。屋顶铺设传统小青瓦，“人”字形山墙。住宅平面布局采用传统三合院形式，建筑面积有所不同，包括三间两厢式和两间一厢式。中间为天井，两侧设厢房，或单侧设厢房。每幢住宅外立面均呈现三层样式，实则为

南门

北门

两层，是典型的假三层洋楼，第三层是较为低矮的阁楼，通常不用于居住。

两侧的住宅大门为石库门，东西相对，门框由花岗岩条石构成，门框内配置两扇对开木门，门楣上装饰几何立体图案。入内为天井，庭院朝南，一楼包括主厅、厢房、厨房、楼梯间等功能区域。主厅铺设方砖，配置落地长窗，其他房间则铺设地板。二楼为正房、厢房、阳台等空间。阁楼边附设一个水泥晒台，便于晾晒衣物。

崇安里相较于古城区中其他海派里弄住宅群，有着传统的过街楼设计，整体建筑融合了中西文化元素，保存较为完好，是市内小规模里弄建筑的珍贵代表之一。

金钱长流不息之地：
长鋆村

长鋆村建于民国二十二年（1933），现占地面积为2279.03平方米，建筑面积为3384.22平方米，2004年被公布为苏州市文物保护单位。

长鋆村位于姑苏区阊门内下塘久福里东侧。早在民国初期，江苏省立第二工场在此成立，以生产棉织物为主。民国二十二年，上海富商谢莘如在此兴建住宅，取名长鋆村，融合了两个儿子“长”“鋆”之名，寓意为金钱长流不息。

长鋆村是一处典型的海派里弄式公共住宅建筑群，南北共有

新式石库门

现代主义风格门楼

新式石库门建筑

五排二层的房屋，呈现联排别墅布局，墙基经过水泥加固。住宅中有两种不同的建筑风格，分别为新式石库门建筑和新式里弄建筑。

长鋆村前三排房屋为新式石库门，每排三幢，采用“人”字形山墙设计。住宅大门为石库门，花岗岩条石门框，外框设粉刷

巷道

石门套，线条平直。外墙为铭文清砖空斗墙，东西两侧各有两间一厢，中间为三间两厢。整体格局上保留了传统住宅的空间分布，纵向依次为石库门、天井、厅堂、后天井及附房。

后两排房屋为新式里弄，每排四幢，布局分为两间一厢和单开间两种形式。外墙为清水砖墙，外观呈现代建筑形式，屋顶主体为坡屋顶，部分区域采用平屋顶。

院墙呈半包围式，不再是传统封闭式的庭院空间，提供了良好的采光和通风。住宅内部功能区域明确，设有主厅、卧室、厨房、楼梯间。一楼主厅铺设方砖及地板，其他房间铺设地板。

长鎏村内设四条巷道，呈东西向平行分布，宽约 4 米，巷道东入口处设西式石门楼，由汰石材料制成。

长鎏村住宅建筑群融合了当时的西方住宅理念，在西方文化的影响下，开放与包容的潮流使得住宅建筑迎来了更多形式的创新和变革。

因上海的房产而命名：
万宜坊

万宜坊，建于20世纪二三十年代，与同德里、同益里、承德里等为同时期建筑，属于小规模里弄式住宅建筑群之一。2004年，以“万宜坊谢宅”的名称被列入苏州市控制保护建筑名录。

万宜坊位于姑苏区养育巷北侧的吴殿直巷内，原房主李晋三。民国三十四年（1945），由上海纱布商人汪洪生购得，并以自己在上海拥有的房产“万宜坊”为名。如今东西墙角处仍保留有界碑“崇

“兰桂齐芳”门楣

德堂汪宅”，之后该房产分售于曹氏和谢氏，可见墙角上刻有“诸福堂谢”字样的界碑。

新中国成立后，万宜坊曾一度被用作厂房。20 世纪 50 年代，该产权归为国有，成为由房管部门管理的公租房。2019 年，万宜坊经历了全面的修缮工程，工程方秉承修旧如旧的原则将其修复完好。

万宜坊为典型的海派里弄式住宅群，坐北朝南，外墙由青砖扁砌，屋顶覆盖红瓦。住宅群包括南侧的联排三幢石库门三合院及北侧的两幢石库门住宅，高二层。住宅群每扇门的门楣上都装饰着精美的蔓叶纹样，典雅别致。其中一扇门楣上刻有“兰桂齐芳”字样，而另一扇门楣刻有“1930AD”字样。

南面房屋采用三间两厢式布局，二层外立面配有外挑式小型阳台，入内设天井，两侧为厢房。一楼包括起居室、卧室、厨房、楼梯间等功能区域。底层配置落地长窗，楼上设木裙板和木制短窗。

巷道

木制短窗

起居室铺设进口地坪，花色美观。楼梯陡峭，为方柱木构件双跑式。附楼设有露天晒台，配以花瓶柱栏杆。此外，万宜坊里弄内还有一口青石六角古井，水质依然清冽。

万宜坊住宅结构别致，将中式传统庭院住宅和西式排屋元素相互融合，呈现别具一格的建筑风貌，与周围粉墙黛瓦的传统民居风格形成鲜明对比。住宅建筑规模不大，属于市内小规模里弄式住宅群代表之一。

民国房产租赁代表：
志仁里

志仁里，又称志仁里阙宅，建成于民国十二年（1923）。2011年，志仁里被公布为江苏省文物保护单位。

东临仓桥浜，西至浒溪仓，位于姑苏区阊门内下塘深巷处，即是一处民国早期的住宅新村——志仁里，又称志仁里阙宅。

咸丰年间，该区域曾遭受大火毁坏。民国时期，上海开埠后，海派建筑蓬勃发展，其独特的建筑风格逐渐影响到苏州地区。志仁里，便在这一时期应运而生。当年，雕塑家阙明德在此购得一

第一排平房

第二排楼房

块地皮，并兴建住宅，于民国十二年完工。建成后志仁里的房屋大多用于出租，是苏州民国时期较早的一批房地产开发项目。租户主要是商铺经理、银行职员等中产阶层人士。随着抗战的胜利，志仁里房产陆续出售。

志仁里住宅坐北朝南，建筑采用砖木结构，屋顶覆盖小青瓦。外墙采用多种不同砌法，有青砖、花滚、单丁斗子等。客厅设落地长窗，厢房配置半墙短窗，客厅铺设地砖，卧室铺设木地板。

志仁里住宅建筑形式多样且规模不一，由三排多幢民国建筑组成。由南向北排列，分为低、中、高不同档次房型。南面为第一排，中间为第二排，最北面则为第三排。

第三排楼房

第一排

六组石库门平房，其中东西侧各有两组，第一进为三开间，包括一个起居室和卧室，后部是三开间，前后各有厢房。此外，在中间的两组，第一进为两开间结构，后置两间一厢。

第二排

六组二层楼房，东西两侧各一组，为两间一厢。中间四组是三开间，前后设两厢房。

第三排

三组二层楼房，西面两组为庭院楼房，外墙为青砖扁砌。东侧是一座中西式花园别墅，别墅布局雅致，花园内设有假山凉亭、

落地长窗

鱼池花草和名木古树等，环境清幽，为民国时期中西建筑风格相融合的杰出代表，遗憾的是，部分建筑已损坏无存。

志仁里住宅群为中西合璧的建筑形式，布局上呈现出明显的规划意识，房型档次全面，是民国时期苏州房地产租赁领域的代表建筑之一。

海派里弄的爱国情怀：
救国里

救国里，建于20世纪30年代。2004年，救国里被公布为苏州市文物保护单位。

在姑苏区养育巷的北端，是一处有着海派里弄式公共建筑群，即救国里，建于20世纪30年代，由张一鹏兴建，建造时正值中国历史上重要的“九一八”事变时期。张一鹏之兄张一麐为其取名为“救国里”，以表达深厚的爱国情怀。

张一麐（1867—1943），字仲仁，号公绂，生于江苏苏州，

救国里

天井

巷道

是一位著名的爱国人士，积极为国效力，并热心于苏州地方公益事业。

民国三十二年（1943），救国里的房产被转归庞世述。1998年，由于街道拓宽改造的需要，原救国里部分建筑、东南角水塔和平房被拆除。

救国里现存五幢二层楼房，包含十二个单元。外墙为青砖扁砌，用水泥浆勾缝，墙基采用水泥加固。屋顶覆盖红瓦，屋面开设老虎天窗，“人”字形山墙设计。建筑采用圆作梁屋架。住宅大门为石库门，由花岗岩条石制成，门头以简洁希腊三角形花式装饰，周围增添简单线脚，与信孚里住宅门相似。门框内设有对开木门，入门便是天井。

救国里的住宅因建筑面积有所不同，呈现多种布局形式，包

过街楼

希腊三角形花式门头

括单开间、两开间、两间一厢和三间两厢等。部分建筑与过街楼相接，院内围墙相较于第一层楼房偏高，为整体提供了一定的私密性。

室内的功能区域清晰，底层为起居室、休息室、楼梯间及附房，楼上主要是卧室。楼梯采用双跑式木构件配以条式栏杆。一楼起居室铺设进口地砖，其他房间为木地板。整体风格简洁素雅。

黛瓦屋檐下的过街楼：
松筠里

松筠里建于 20 世纪 30 年代末，为民国时期开发商张氏建造。

松筠里位于古城区，北起白塔西路，南至祥符寺巷。20 世纪 30 年代末，商人张氏在此建造里弄式住宅，建成后将其用于出租，因张氏家族堂名为“松筠堂”，故将这里命名为“松筠里”。此外，在古城区闾邱坊巷电话局东侧的另一里弄式住宅，同为张氏家族产业，名为“松筠节劲”，于民国二十六年（1937）建造。新中国成立后，松筠里的房产收归国有，并陆续出租给居民居住。现今松筠里的住宅，一部分产权被私人买下，另一部分产权仍归国有。

松筠里独具特色之处在于几乎每两栋建筑之间都有便捷的过街楼，紧密相连。与其他整齐划一的里弄形式有所不同，松筠里建筑布局沿弯曲的里弄通道分布。

里弄南北两端各设置一座青砖扁砌的门楼。南门楼为后门楼，位于祥符寺巷。北门楼为前门楼，门牌标注为白塔西路 89 号。北门楼形制典雅，从上至下分为三部分。上部黛瓦屋檐下，浮雕“山”字形花草图案。中部扁长方形框内，题写有“松筠里”字样。下部为弧形拱门。整座门楼讲究对称，具有典型的西式建筑风格。相较之下，南门楼更为简约。长方形的门宕上方，镌刻有“松筠里”三字。门楼右侧墙角处，镶嵌一块花岗岩“张界”界碑，表明为张氏开发的房产。

松筠里

巷道

北过街楼

南过街楼

松筠里通道两侧的墙体为青砖扁砌，不少青砖上都有英文字母，表明砖块系当时外企砖瓦厂烧制的。通道两侧排列多幢二层楼房，呈现中西合璧的建筑风格。每套单元住房的大门为西式风格的石库门，门框采用花岗岩条石，坚固耐用。门楣上精心堆塑花草图案。经过改良，有的石库门上方，住户还用黛瓦搭建屋檐，防止日晒雨淋。

住宅的内部为传统的香山帮建筑风格，进门为天井，围绕天井设正厅和两侧厢房，呈“凹”字形的布局。底层开设落地长窗，布置客厅、休息室、厨房、楼梯间等，楼上主要为卧室。现在的松筠里经过改造，增添了使用燃气的独立厨房和卫生间等。

松筠里住宅建筑群保存完好，清一色的青砖外墙与古色古香的过街楼相得益彰，共同勾勒出一幅独特的民国建筑风貌图卷。

敦仁里南门楼

曲径通幽的里弄：
敦仁里

敦仁里，建于民国初期，由上海商人李云程建造，
2019 年被公布为苏州市控制保护建筑。

敦仁里坐落在古城区西北隅，是一条南北向的里弄，南起包衙前，北至三茅观巷。民国初期，由上海商人李云程兴建，并用于出租。该组建筑群规模较大，位于繁华地段核心地带，当时吸引了众多中产阶级人士居住。

敦仁里的格局和形制独特，设计师根据地形因地制宜对其进行巧妙设计，横路竖巷相连，过道曲折，堪称曲径通幽。其间设置门楼两座、过街楼两座及独立小院套房十一幢。

南北里弄口处有两座仿罗马式的红砖西式门楼，是敦仁里建筑的最大亮点。南端门楼设在包衙前，形制二层，典雅壮观。高耸的门楼采用红砖扁砌。两侧扁长方形砖柱从上至下相连，使外立面凹凸有致。底层中央开设拱门，两侧设置爱奥尼式罗马柱。门楼的上层更为精细，可以分为上、中、下三部分。下部长方形砖框上刻有“敦仁里”字样。中部设有玻璃窗，不仅便于通风采光，还方便居民居高临下赏景，玻璃窗两侧装饰着花卉图案，左右对称。最上部的半圆形墙体，也装饰有精美的花草图案。门楼的上层与过街楼相连接，楼下即为入口的通道。在过去，过街楼主要是供值班的更夫使用，负责夜晚打更和巡逻等。远观整个门楼外立面，高大雄伟。

北端门楼位于三茅观巷，同样是两层形制，与过街楼相连。

北门过街楼

巷道

南巷口

古井

外立面墙体用红砖扁砌，底层设置罗马柱拱门。门楣上镌刻“敦仁里”三字。与南门楼不同，北门楼融合了中式建筑元素，顶端覆盖黛瓦屋檐。

敦仁里的住宅形制为传统的香山帮建筑，门牌号从 1 到 11，共有 11 套独立的单元房。粉墙黛瓦，屋檐为传统的硬山式。每套单元房的外立面都设置石库门，门框为花岗岩条石。对开的木门上，有的包铁皮，有的配置古朴的铺首。外墙窗户上方，别出心裁地搭建黛瓦窗檐，可以防止日晒雨淋。

单元房的格局，进门为小院，围绕小院，是一座两层的凹字形厢楼。底层分布着客厅、书房、厨房、卫生间及附房，楼上为多间主次卧室。敦仁里通道为石板路，路旁设有两眼古井，均配置长方形井台。青石井栏形制为内圆外六角。如今，两眼古井水质清冽，仍在使用。

敦仁里保存完好，是苏州古城中民国时期里弄住宅建筑的一个典型案例。

第五章　园林宅第

园林是苏州人内心的情结。清末民初时，传统园林日渐凋零。古典园林时闻颓败，罕见新修，而民众生活方式更新，现代建筑材料流行，私家宅第、仿古宅园等代之而兴。

中西合璧的典范：
天香小筑

天香小筑，建于民国二十二年（1933），为中西合璧式近代仿古宅园，2008 年被公布为全国重点文物保护单位。

天香小筑位于姑苏区人民路 80 号，苏州图书馆内。始建于民国初期，原为金氏旧宅。民国九年（1920），北洋政府陆军中将苏谦购得此地并造园，最初名为“苏庄”。民国二十年，上海近代著名律师、苏州吴县洞庭东山玉树堂人席裕昌购得苏庄，并进行了扩建工程。于民国二十二年改建完成，改名为“天香小筑”，沿用至今。民国二十九年（1940），席裕昌将天香小筑以价洋 1.6 万元整，出售给新华产业公司张永说。民国三十三年，张永说将天香小筑以国币 450 万元，归并给徐朴诚。

几经易手，历经多次战乱，园内建筑、树木、湖石均有所损毁，一时荒芜不堪。新中国成立后，天香小筑经多次修缮，重建山亭，修

“回”字形走廊

鸳鸯厅

治假山水池，种植花木。1981年，天香小筑被用作为苏州市人大常委会办公场所。1998年，苏州市委、市政府正式决定将其改建为市图书馆。建成后，图书馆占地面积为16000平方米，天香小筑也因此成为馆内最幽静亮丽的一角。

天香小筑是一处中西合璧的花园别墅，由住宅和园林两部分组成。整体建筑平面呈“回”字形格局，包括大厅、主楼及东西两厢楼。住宅部分的原大门已拆除，现存坐北朝南三进共五幢单体建筑。

鸳鸯厅

为第一进大厅，是一幢传统的苏式香山帮建筑。大厅构架由前廊轩、翻轩、内四界和后轩组成。前廊轩为一枝香鹤颈轩。此厅为扁作回顶，南为双桁扁作船篷轩，北为双桁圆作船篷轩，因为南北制式不同，故称为“鸳鸯厅”。

前楼厅庭院

大厅为硬山式屋顶，两侧各设有观音兜山墙，屋顶铺设琉璃瓦。大门朝南，中间设六扇落地长窗，雕刻着精美的博古架图案，两侧各设五扇地坪窗。室内金砖铺地。大厅内四扇木构屏门将大厅分为两部分，屏门上雕刻传统人物故事，以及花卉、器皿、鸟兽等吉祥图案，有“松鹤同春”“喜鹊登梅”等。大厅北面为十八扇中式落地长窗。

该大厅的主要结构特点，是在普通的廊界与内四界之间增加了翻轩这一独特的建筑形式。翻轩在室内看似屋顶，但它上部只有望砖而没有瓦，不具备遮雨功能。在翻轩内四界的椽望上，还有一层屋顶，这个屋顶才是盖瓦防雨的屋顶，两个屋顶之间形成了一个封闭的空间，具备隔热和挡风的功能，如同一个保温层。

前楼厅

为第二进，系二层楼。主楼呈现西洋建筑风格，形制别具特

山花西式装饰

屏门图案装饰

落地长窗

色，由东南西北四条走廊组成，形成一个方形结构，中间为内庭院，整体平面构成“回”字状。底层走廊设置船篷轩，镶嵌精美挂落，顶悬宫灯。地面铺砌进口地砖，坚固耐用，砖面上有对称的菱形图案。前楼厅由东廊和西廊外侧的两幢楼厅组成，隔着庭院相映成趣。东楼底层墙壁采用砖细贴面，墙上开设砖细框窗宕，配置透明玻璃，圆形和竖长方形间隔有序。西楼底层墙壁同样采用砖

庭院假山

细贴面，墙上开设砖细月洞门。底层有木构件楼梯通往东西楼厅的楼上。楼上回廊围绕，配置蓝白两色玻璃长窗。整座前楼厅的四周配置多处砖细门宕，通往不同方向。

后楼厅

为第三进，面阔三间。楼厅及东西两厢楼组成“品”字形。楼厅前也有一座内庭院，院内湖石嶙峋，翠竹点缀，卵石铺地，图案有莲花、万年青、“瓶笙三戟”等。院墙东侧开设八角形门宕，通往东花园。配置台阶和南廊的后楼厅，形制也与众不同：西面以厢楼连接前楼厅的西楼；东面山墙开门，连接一条紧贴山墙的东廊；宽敞的走廊中间，伸出一个方形观景平台，可以倚栏观赏园景。

花园

花园在后楼厅东侧，略作横长方形。由于地坪卵石镶嵌有动

曲廊

物图案，且园中散列着十二生肖湖石，故花园又俗称“百兽园”。全园布局以堆土叠石的假山为主，园内草坪郁郁葱葱，雪松、桂树、翠竹、棕榈等花木错落有致。条石铺砌的蹬道中，有一块为当年的界碑，上面镌刻“天香小筑席界”字样。沿石阶拾级而上，可至山顶凉亭。凉亭为六角攒尖顶，四周设置吴王靠，可坐憩。凉亭旁边设置观景平台，配置花岗石小圆桌。站在平台上远眺，可将全园形胜尽收眼底。山脚有一条山涧，围以嶙峋湖石，迂回潆曲，涧上架设石板小平桥。

园北设置蜿蜒的曲廊，涧水从廊下流过，汇成一泓碧波。曲廊设为船篷轩，两侧设置吴王靠。园东紧贴院墙设置碑廊，为苏州历代名人书画廊。墙上有序镶嵌着配置玻璃的书条石。二十五方书条石中，有一块为民国三十五年（1946）镌刻的，其余为当代金石篆刻名家蔡廷辉、时忠德刻制。

天香小筑是苏州民国建筑中花园别墅的经典之作，虽历史不长，但有其独特的建筑风格和特点，汲取了苏州传统的宅第庭园布局和结构形式，同时吸纳了北方建筑风格，并融合了一些西洋建筑特征。其中西合璧、南北交融的特色主要体现在以下三个方面：第一，整体格局上，天香小筑的建筑布局呈现出西宅东园的特色，宅第采用西洋风格，花园和内庭院则保留了苏州古典园林的风韵；第二，住宅部分的设计上，大厅主体属于苏州香山帮建筑风格，前楼厅和后楼厅则呈现出西洋建筑的特色；第三，单体建筑方面，展现出南北方建筑风格的交融，例如大厅、前楼厅和后楼厅的琉璃瓦屋顶，明显吸收了北方建筑元素。前楼厅的结构，不用传统的立帖木而用砖混结构承重。走廊铺砌的地砖，也是进口的“西洋货”。墙壁则体现了苏式风格，采用砖细贴面，开设砖细框窗宕和月洞门。

天香小筑集东西方建筑风格和南北方建筑风格于一体，博采众长，和谐融合，是一处独具魅力的民国建筑，也因此被公布为全国重点文物保护单位。

春在楼

雕栏玉砌春常在，江南第一雕花楼：

春在楼

春在楼，又名雕刻大楼，建于民国十一年（1922）。春在楼占地面积为5500平方米，建筑面积为2242平方米。1982年，被公布为江苏省文物保护单位。2006年被公布为全国重点文物保护单位。

春在楼，又名雕刻大楼，位于吴中区东山镇紫金路58号。始建于民国十一年，历时三年，于民国十四年完工。上海棉纱大王东山人金锡之为母亲养老，耗资17万银圆，折合黄金3741两建造此楼，并由香山帮著名匠人陈桂芳参与设计，雇用250多名工匠。

整幢大楼规模宏大，气势磅礴，采用砖雕、木雕、石雕、金雕、木作、泥瓦作、彩绘、泥塑等多种技艺。尤其是木雕，运用线雕、浅浮雕、深浮雕、圆雕、透雕、镂雕等多种雕刻技法，广泛施于门窗、梁架、隔扇、棹木、挂落、栏杆等处。可谓是无处不雕，无所不刻，故俗称雕花楼，并以“江南第一楼”声名远扬。

春在楼是一座中西合璧的仿古

天井

砖木结构建筑，坐西朝东。其楼前后两进五开间带厢，主体建筑由前楼、后楼、砖雕门楼和小花园组成，四周围有高大封火墙。建筑内部分区明确，有客厅、书房、卧室、佛楼、阁楼、厨房、库房、晒台等。

春在楼大门向东，对面是一堵呈曲尺形的砖细照壁，上有砖雕“鸿禧”二字，取“汉郊五畤答鸿禧”之句，寓意为“大福”。

大门入口是一座飞檐翼角的砖雕门楼，单披式板瓦顶，两侧以花岗岩条石为框架，规模恢宏，高达 9.2 米。门楼朝外的一面，额“天赐纯嘏”，寓意为“天赐纯全之福”。顶脊正中堆塑古瓷方盆（俗称聚宝盆），盆中塑万年青，寓意为“洪福齐天、万年永昌”。两侧分别塑“独占鳌头”和“招财利市”堆塑。

门楼内侧的雕刻更为精细美观，六朵飞昂的斗拱，作一斗三升丁字科。两条垂脊塑“天官赐福”一对，戗角吞头堆塑“鲤鱼跳龙门”。门楼图案雕刻细致，多达六层。垫栱板透雕五个圆形图案，正中为“囍”，寓意为“双喜临门”，两旁的“如意”和两端的“绳袋”，寓意为“如意传代”。垂莲柱两侧分别雕刻“和合二仙”与“狮子滚绣球”。上枋雕“八仙庆寿”，寓意为“寿”。中枋额题“聿修厥德”，与门外的“天赐纯嘏”相呼应。左兜“尧舜禅让”寓意为“贤”，右兜“文王访贤”寓意为“德”，透雕深达四层。此外，中枋还有横幅雕“鹿十景”，十头梅花鹿姿态各异，栩栩如生，寓意为“禄”。下枋横幅圆雕“郭子仪拜寿”，寓意为“多福多寿”。门楼两侧为浅雕，南侧为“锦鸡荷花”以喻“挥金护邻”，北侧为“凤穿牡丹”以喻“富贵荣华”。两侧围墙高处，辟有四扇漏窗，图案分别为纤丝、瑞芝、藤景和祥云，寓意为“福寿绵长”。

整个门楼使用了透雕、高浮雕和线刻并用的传统手法。综观整座砖雕门楼，运用堆塑和多种砖雕手法，图案之多、技艺之精，巧夺天工，蔚为壮观，是春在楼砖雕技艺的精华所在。

前楼名为春在堂，上下两层，五开间带厢房。楼为单檐硬山五花墙，塑纹头脊。中间塑聚宝盆，两侧塑万年青。大厅为三开间，细砖铺地，两侧厢房设为书房。大厅为雕花楼的主厅，也是

“天赐纯嘏”砖雕门楼

“聿修厥德”砖雕门楼

雕花走马楼

整幢大楼雕刻最密集的地方，檩、梁、柱、槛、门、窗，无处不雕。全厅月梁两端，共雕刻有凤凰八十六对，谐音“百乐”，故称“凤凰厅”。楼厅梁柱雕有四副乌纱帽翅，又称“纱帽厅”。包头梁上镶嵌黄杨木雕，雕刻有《三国演义》中的故事共四十八幅。包括“桃园结义”“董卓进京”“赤壁大战”等。大厅沿廊雕刻二十只花篮，为春兰、夏荷、秋菊、冬梅四季花卉。檐口六扇落地长窗及半窗的裙板上，分别精心雕有《二十四孝图》和《二十八贤图》。在楼之前厅承重大梁上，雕刻有九幅《八仙过海》的故事。在楼之后厅承重大梁上，则通体雕刻着二十五幅全套《西厢记》故事。

后楼大厅为亲德堂，为明二楼、暗三楼建筑。暗三楼又称藏宝阁，是主人珍藏贵重物品的地方。后楼与前楼外观相同，相较于前楼而言，后楼雕刻相对简约。南北两壁厢房相通。楼檐柱为竹节形，独具特色。楼栏由生铁铸成，内饰圆形篆书“延年益寿”，四周蝙蝠相向，寓意为“百蝠捧寿”。底层承重梁和轩梁

临池亭廊

上通体雕刻《西厢记》故事。窗檐下，绘有“薛仁贵征东”“薛丁山征西”等八幅壁画。中间檩上彩绘“笔锭高升”。整幢大楼汇聚了多种不同形式的雕刻，讨六句口彩：出门有喜（照壁雕刻“禧”字）、进门有宝（顶脊上塑聚宝盆）、抬头有寿（门楼上枋的“八仙庆寿”）、回头有官（厅内梁上的乌纱帽翅）、伸手有钱（门窗上的古币搭钮）、脚踏有福（门槛上的蝙蝠形销眼）。

小花园位于前楼东侧，小巧玲珑。因面积较小，园林建筑山水造型各取一半，为半亭、半桥。花园虽小，但园内亭台楼阁、假山水池、花木扶疏，并采用借景手法，收尽了江南名园之精华。以真竹假笋，表示春景；荷池曲桥，象征夏意；紫薇金桂，表达秋色；天竺蜡梅，代表冬日。园中南壁上，有一圆形砖雕“停云陇”，雕工精细，栩栩如生。

春在楼的华美雕刻展示了主人繁华的人生和对生活的追求，同时也凝固了香山帮工匠的智慧和技巧。时人已故，花落春仍在，春在楼成为历史繁华瞬间和匠心智慧的最好见证。

东山铁墙门：
玉辉堂

玉辉堂，俗称铁墙门，建于民国十一年（1922），
2010 年被公布为苏州市控制保护建筑。

玉辉堂，坐落在吴中区东山镇上的马家弄 39 号，因其大门为两扇大铁门，常被称为铁墙门。这座建筑始建于民国十一年，由当时的武山人孔宪生兴建，与雕花楼同年动工。新中国成立后，玉辉堂曾一度被用作吴县缂丝厂的职工宿舍。

玉辉堂现存有门厅、大厅、楼厅、佛楼、花园等多个区域。各式建筑之间以庭院相隔，备弄相通。大门位于马家弄内，为一座典型的西式大门，两侧设方柱，门楣呈弧形。门框内配置两扇黑色铁门，镶嵌铺首门环。院内青砖铺地，门厅面阔三间，顶部覆盖青瓦，地面铺设方砖，明间前檐两侧装饰清水砖垛头。

大厅面阔三间，进深 13.2 米，分上下两层，底层设“卍”字纹落地长窗及半墙短窗，楼上配置木格短窗，共 24 扇，造型大气美观，气势雄伟。大厅梁架为扁作梁，并精雕细刻着花草等吉祥图案。骑廊采用船棚轩形式，短梁上雕刻牡丹、灵芝等各式花卉。大厅前设有砖雕门楼，上枋上镌刻昆曲《十五贯》等戏文故事；中枋题字，额为“视履考祥”，寓意为“审视过往，并推究预兆”；左右两侧兜肚、垂柱和下枋中间的砖雕原样已破损，现已重新修缮增换。

楼厅面阔三间，以扁作梁承重，一楼设“回”字纹落地长窗，楼上配置木裙板和半窗。两侧设厢房，楼梯为木构件。二楼内四

正门外立面

大厅

“视履考祥”砖雕门楼

“知足常乐”砖雕门楼

界大梁扁作，抬梁式构架。山界梁上设置一斗六升斗拱，上承脊机脊檩，山尖山雾云，明间后设有抱厦。

楼厅前立有一座简洁造型的砖雕门楼，顶部两侧装饰哺鸡脊，上枋两侧浅浮雕如意图案，中枋刻有“知足长乐”字样，为修缮后新增，两侧兜肚仅浅浮雕边框。中间配置石库门，门框内装置厚重结实的砖甲门，具有防火防盗功能。

佛楼坐东向西，面阔一间，屋顶为四面歇山式，飞檐翘角，为歇山四方楼形式建筑。

在玉辉堂的整体修缮中，宅主进行了全面的恢复工作，使其基本恢复了原貌。整座建筑既简洁又大气，细节处雕刻精细，西式大门和传统花窗的结合展现出中西合璧的建筑风格。

近代山水园林的典范：
启园

启园，又称席家花园，始建民国二十二年（1933），占地面积为 75 亩（约为 50000 平方米）。1986 年被公布为苏州市文物保护单位。

在吴中区东山镇东北端太湖之滨上，坐落着一座近代山水园林，名为启园，又称席家花园。民国二十二年，为纪念祖上席启寓接驾康熙皇帝，时任上海鼎成、鼎元、荣康钱庄经理席启荪出资建造启园。历时三年，于民国二十五年完工，耗资十万银圆。占地面积为 50 亩，后扩建至 75 亩。该园随后转手棉商徐子星，徐子星又名介启。园林名称取自前后两位主人名字中的“启”字，故名启园。

1984 年，启园被公布为太湖风景名胜区主要景点之一。1996 年，新加坡内阁资政李光耀亲临启园参观，被这片美景深深打动，并留下题字“这是个美丽的地方，永远让人心旷神怡”。

启园依山傍水，是苏州园林中少有的山麓湖滨园林，主建筑为镜湖楼。镜湖楼为四面厅，上下两层，飞檐翘角，底层大门为落地长窗。楼东侧矗立着五老峰，周围植以翠竹石笋，地面铺设小石子构成各式图案。镜湖楼四周种植牡丹花、山茶花、桂花、红枫、蜡梅、含笑花等多种花木。

园中还设有一条高低曲折的复廊，其中嵌有亭子。复廊横贯于园中，辟高墙，墙中嵌入各式漏窗，形态各异，不仅有向阳遮阴的功能，还能避风挡雨。镜湖楼前有一湖，名为镜湖，湖水清冽见底，周围假山堆叠。湖前辟花园和小景，景致层次丰富，花

镜湖楼

镜湖

阅波阁

御码头

草名树环绕其中，郁郁葱葱。

庭院东侧为融春堂，是一座典雅的清式木结构厅堂，其名取自唐代杜牧名句“春光融融”之意。厅堂内红柱黛瓦，大门设六扇落地长窗，配置海棠花纹，檐下悬挂葵式万川挂落，地面铺设水磨方砖，沿墙假山重叠。

融春堂左侧是阅波阁，屋顶为卷棚歇山式，上下两层，面阔五间。底层两侧各有六角形窗宕，中间悬挂一副对联，上书“草色金径细雨后，花枝欲动春风寒”。

启园中另设有吟春桥及曲桥，连接着太湖与园内环河及镜湖。沿着太湖的长堤漫步，便可见御码头。码头前矗立着一座石牌坊，四柱三间，牌坊上镌刻着康熙皇帝御题“光芒万丈”四个大字，气势磅礴，两侧有楹联，上书“人得交游是风月，天开图画即江山”，勾勒出人与自然和谐共处的美好画卷。透过牌坊向前延伸，便是御碑亭，静静地矗立于碧波浩渺的太湖之中。

园内，御码头、牌楼和御碑亭庄严雄伟、古朴浑厚，与周围环境相得益彰。御码头、柳毅井及康熙手植的古树杨梅被誉为启园“三宝”。

民国仿古园林典范：
朴园

朴园，又名汪氏别墅，建于民国二十一年（1932）。
1991 年被公布为苏州市文物保护单位。

位于古城内桃花坞历史文化片区校场桥路 8 号的朴园，又称汪氏别墅。清末民初时期，这里曾是一片荒芜的墓地。民国二十一年，上海著名商人汪新斋购得此地，耗资十万银圆建造了这座园林别墅。抗战时期，园内建筑遭受严重破坏。

新中国成立后，汪氏将朴园以 1.2 万元的价格出售给国家公路总局第三工程局。第三工程局接手后，将其改建成疗养院。1956 年，园中新增建一幢三层楼房。1974 年，朴园归属苏州市卫生局，成为卫生防疫站。1985 年，朴园经过修葺焕新。2006 年，上海微建事务所承担设计工作，再次对朴园进行全面翻新，使其焕发出新的生机。

朴园现设有三个出入口，分别是南门、东门及北门。其中，南门为新建。东门和北门为旧门，现已停用。

经重新整修，朴园以山水景观为主体，将民国时期的建筑风格与传统园林建筑巧妙融合，呈现出既古典又雅致的特色。园中仍保留着三幢民国时期所建的主要建筑，为礼乐堂、三有堂和临水方亭。

礼乐堂为两层楼房，是一座典型的中西合璧式花厅。外墙采用清水砖沙包式砌筑，水泥浆勾缝，顶部覆盖绿色琉璃瓦，朝东设有石板平台，周围配有围廊，围廊顶部装饰精美铁艺吊灯，廊

礼乐堂

三有堂

礼乐堂内景

下的水泥方柱上配有坐凳石栏。走廊两侧开设八角形彩色玻璃窗户，大门中间设置对开落地长窗，室内用磨光石子铺地。楼上朝南配置花瓶石柱阳台，阳台顶部亦装饰铁艺吊灯，四周配有四扇落地百叶窗与半墙百叶短窗。

三有堂为一座四面厅，由南北两部分组合而成，南侧面阔三间，北部仅有明间，东西两侧山墙略微凹进。厅前装置一对青石狮子，庭院用石板铺地。屋顶为歇山式，顶部正脊塑有云头纹、蝙蝠、万年青等堆塑图案。大厅朝南，配置“卍”字纹六扇落地长窗及十二扇地坪窗。大门两侧悬挂一副对联，上书“读书世受和平福，学佛人多欢喜缘”。

三有堂四周环绕着围廊，檐下装饰挂落，磨光水泥方柱间隔有序地排列，柱间配有坐凳石栏，石栏下以绿釉面竹节柱为点缀。围廊外墙东西两侧各设有漏窗。北面两侧山墙嵌入西式彩色玻璃花窗，与南面的中式门窗形成鲜明对比，是明显的中西融合建筑风格。三有堂内金砖铺地，扁作梁架，白色屏门上方悬挂匾额，题为“三有堂”。

方亭

半亭

三有堂围墙东面，连接另一条曲廊，廊柱为磨光石子方柱，廊中间设有半亭，名为“亭憩廊”。半亭外墙上为中式漏窗，南面为落地罩。

方亭临水而建，亭顶为四角攒尖式，飞檐翘角，四面设窗，其中，东侧及西侧正中都是落地长窗，两边为半墙短窗，南北两侧各设置彩色玻璃和合窗，色彩鲜艳夺目。临水一侧设有观景平台，用栏杆围合，提供赏景休憩之地。方亭一侧连接着西式三曲平桥，配以铁艺栏杆为装饰。

朴园是一座中西合璧、兼具传统与现代特色的古代园林住宅，是近代仿古园林建筑的杰出代表，融合了中国传统园林的精髓和西方建筑的独特风格，展现出了独特的文化魅力和历史价值。

近水远山的私家园林：渔庄

余觉故居，也称余庄、渔庄，建于民国二十一年（1932），1991 年被公布为苏州市文物保护单位。

渔庄，又称余庄，位于吴中区石湖东北岸渔家村，为余觉故居。20 世纪 30 年代初，吴子深赠予余觉石湖渔家村基址，余觉在此兴建住宅，于民国二十一年动工，历时两年，民国二十三年竣工。渔庄占地面积约为 1500 平方米。1965 年，渔庄被苏州市园林管理局收购，并进行全面修复。1985 年起，渔庄再次进行修葺，次年

渔庄

庭院

对照厅

完工。如今，渔庄已成为石湖景区的重要景点之一。

渔庄，为一座传统砖木结构的庭院式建筑，现存结构包括两进厅堂。其中，中间明间和两侧次间为厅，边上梢房分别用作书房和居室。两厅相互对照，共享一个庭院空间，形成一组统一的厅堂，故称为对照厅。

第一进为庭院，花街铺地，沿墙设有半廊、半亭，亭内配置对开木门，可通往第二进对照厅。

对照厅前厅面阔五间，中间顶部饰有哺鸡脊，两侧为纹头脊。南侧屋脊上还雕刻着“福禄寿”三仙像。厅堂名题“福寿堂”。东侧厢房为卧室，门额上题“息影”。西侧厢房为书房，门额上书“耕读”二字。南侧设有船篷轩，两侧为廊，前廊为一枝香鹤颈轩廊。福寿堂北侧为石库门，门额上题额“爱吾庐”。中间厅的南侧屋脊上塑有“和合二仙”像，两侧屋脊装饰有图案。

对照厅东西两侧设有半廊贯通，廊腰各构造一座方形半亭，为歇山式顶，两脊戗角飞翘。半亭左右相对，檐下装饰葵式万川挂落，下部设半墙，上敷细砖。

前厅

方亭

后厅

对照厅后厅面阔五间。中间厅的屋脊与两侧均为纹头脊。厅前为廊，前檐下设计有一字排开九对落地长窗，后檐下则为六扇落地长窗。两侧厢房为半墙短窗。后厅堂名题“天镜飞来”，后厅东面廊屋朝北设有四扇落地长窗，长窗樘板上雕刻有精美图案。

前后厅之间，两侧以廊贯通，中间为四合院式庭院，园内的两株桂花树和一株石榴树，已是百年古木，见证了渔庄悠久的历史。

渔庄湖畔处筑有方亭，为渔亭，歇山式屋顶，四坡落水。亭东西两侧各有一扇八角形窗宕，透窗远眺，湖光山色尽收眼底。渔亭与不远处的上方山遥相呼应，近处湖水碧波荡漾，是一处风景绝佳的近水远山私家园林。

墨园

此“墨”非彼“墨”：墨园

墨园，建于民国时期。2014年被公布为苏州市文物保护单位，是《苏州园林名录》中记载的108座园林之一。

墨园建于民国时期，是苏州姑苏区人民路2114号苏州阀门厂内的一部分，原为佘氏家族宅园。宅主佘念善，字仲良，出生于光绪十六年（1890），祖籍江苏省连云港市赣榆县。

民国时期，佘念善凭借多年积蓄，在苏州北塔寺外购得大片土地，创建家族庄园。家族庄园分前后两部分：前园主要用于养殖业和牛奶业，当年庄园前的街道——平门宝裕路，正是以佘念善之父的号宝裕命名的；后园则是家族生活居住区，佘念善以父亲的字“墨缘”为庄园正名，称之为“墨园”，以此为念。而早些年，很多人认为墨园的主人是顾祝同，因顾祝同字“墨三”，所以称之“墨园”，实则此“墨”非彼“墨”。墨园建成后，佘念善家族乔迁至此，长期定居，他的叔伯兄弟佘念萱一家也来这里工作和生活。

新中国成立后，庄园被收归国有，改为国营苏州地方农场。1952年，国营地方农场撤销，归为苏州铁工厂使用。随后，铁工厂改制为苏州阀门厂，并在后来再度改组为国营五二六厂，成为中国核工业部的下属单位。

墨园是一座中西合璧的近代建筑，主体建筑为一幢二层西式洋房，坐北朝南。外墙采用黑砖砌筑，水泥浆勾缝，屋顶覆盖红瓦，底部墙基经过水泥加固。大门朝南，门前矗立着两根罗马柱，柱

外立面

头装饰精致的涡卷状藤蔓，为典雅的科林斯柱式。一楼为会客室，地砖铺设花卉图案，楼梯采用木构件。二楼朝南设有阳台，配以西式栏杆，东侧同样设置了小型阳台，便于通风采光，同时也提供了便捷的赏景空间。

卫生间内配备了当时罕见的进口抽水马桶，为了解决用水问题，宅主在住宅后方开凿了一口自流井，并建造了相配套的水塔。此外，住宅旁边还建有一间仿西式淋浴房，地面铺设进口的小方块马赛克地砖，同时安装了一整套进口淋浴设备，使其成为当时颇具先进性的现代化住宅。然而，令人遗憾的是，由于长期失修和闲置，浴房和自流井现已被拆除。

花园位于住宅后方，是一个传统的苏式庭园。庭园以荷花池为中心，敞厅临水而建，曲桥横跨其上，湖心亭屹立在中央，四

东侧阳台

周湖石假山嶙峋，错落有致，花木繁茂，还有一株树龄已有三百年的龙柏树，盘根错节，颇为珍贵。园中池水微澜，垂柳婆娑，景色宜人。遗憾的是，荷花池因战备需求而被填埋，改建为防空洞。

2019 年，苏州市住房和城乡建设局对墨园进行了全面改造提升，已恢复原有景观效果。如今的墨园内各类植被茂密，生机盎然。

两个诵芬堂经理的别业：
雷氏别墅

雷氏别墅，建于民国二十四年（1935）前后，1991年被公布为苏州市文物保护单位，是第四批入选《苏州园林名录》的园林之一。

位于姑苏区养育巷庙堂巷8号的雷氏别墅，为雷徵明故居。这里原是包山祠所在地，用于祭祀明代著名书画家陆治。陆治自号“包山”，为吴门画派的代表人物之一。民国二十四年前后，雷氏于此处兴建别墅。别墅分为东西两部，西部为中式宅园特色的建筑，东部则是西式花园洋房，分别属于雷允上国药店的经理雷显之和雷徵明兄弟所有。雷学嘉，号徵明，毕业于上海法政学院。雷学乐，号显之，大同大学外文系肄业。雷徵明曾在苏州老店担任经理，雷显之则在上海分店任经理。

原西部中式宅园现已荒废，仅存东部一座二层西式住宅，当年属于雷徵明的别墅。1951年，雷氏兄弟将庙堂巷6、8号房产以2.6亿人民币出售给中国人民银行上海分行。此后，这片宅园陆续被用作工商联政治干校、上海外贸休养院等单位的职工办公和休养场所。

雷氏别墅是一座中西合璧的近代宅第园林，坐北朝南，面阔三间。主体建筑明间缩进，整体平面呈现“凹”字形。外墙采用水泥细磨石装饰，屋顶覆盖红瓦，顶部辟有三扇老虎天窗。底层设走廊，左右两侧各立两根混合式罗马柱，贯穿二层阳台，圆形柱身呈红色，柱头装饰精美卷草纹。东西两侧次间凸出，设置玻璃短窗，采光通风效果俱佳。二楼朝南设置阳台，带有铁艺栏杆。

雷氏别墅

庭院

木构件楼梯

混合式罗马柱

室内一楼为宽敞大厅，木构件楼梯，配置长条式栏杆，稍显狭窄陡峭。楼上设有多间起居室，附带阁楼。别墅内部功能区域明确，包括客厅、卧室、厨房、卫生间、浴室等，设施一应俱全。

上海外贸休养院接管后，此处建筑经过精心修缮，内部装饰得以增添，但整体外貌保持原样。此外，还在原废址上复建起中式庭院，辟有水池、假山、方亭及各式花木等。目前，休养院已停业，别墅大门紧闭，处于空关状态。

常熟现存规模最大的近代建筑：
草荡 13 号（杨宅）

草荡 13 号（杨宅），建于 20 世纪 30 年代初，是常熟现存规模最大的近代建筑。2004 年被公布为常熟市文物保护单位。

位于常熟市虞山街道草荡街 13 号的，是一座气势恢宏的民国时期建筑，即草荡 13 号（杨宅）。该建筑兴建于 20 世纪 30 年代初期，原宅主姓杨。在抗战期间，曾一度被作为汪伪特务机关使用。抗战结束后，改用作见山医院。新中国成立后，为虞山镇党委机关单位使用，随后用作方塔管理区的办公用房。如今是常熟

正门

东立面

庭院

大厅

西式石库门

文旅发展有限责任公司的办公场所。

草荡 13 号（杨宅）为两进楼房，房屋坐南朝北，采用砖石结构，屋顶为歇山式。南北两进楼房为横向，东西两侧楼房为竖向，如此，整体平面呈现出“回”字形布局，中间为宽敞庭院，庭院中央矗立着高大的雪松。

楼房第一进为混合式三层建筑，外墙为拉毛墙面，进门为大厅，两侧设有拱门。东西两侧各设螺旋形木构件楼梯，配以简洁条形栏杆，蜿蜒而上。室内天花板设有吊顶，顶上雕刻各式精美图案。大厅铺设彩色地砖，其余房间铺设木地板。

第二进与东西两侧为外廊式建筑，底层设有联券拱廊，廊下配置花瓶柱石栏杆。建筑均为两层楼房，楼层形制相似，楼上设有通长阳台。

草荡 13 号（杨宅）南立面外墙上设有一座西式石库门，此门曾作为正门使用。墙体采用红砖砌筑，门框由花岗岩条石制成，门楣上方设有拱券，门框内配置两扇对开木门，镶嵌铺首。此外，北门内隐藏着一个地下防空道，沿着东西方向延伸，呈曲尺形状。

草荡 13 号（杨宅）保存较为完好，呈现出民国时代的古典风貌，是常熟市现存规模最大的一处近现代建筑。

集铺地之大成：
泰丰路陆宅

泰丰路陆宅，建于民国元年（1912），2014年被公布为苏州市文物保护单位。

泰丰路陆宅，位于吴江区黎里镇芦墟泰丰路623号，原为芦墟豪绅陆荣光的府邸。陆荣光，字映澄，号觉庐，是晚清和民国时期芦墟地区的富商，拥有大量田产和多个米厂。民国元年，陆氏在此兴建宅园。陆宅在建造时，仿照苏州拙政园三十六鸳鸯厅布局，将其进行缩小提炼，由走马楼和备弄相连，并融入西方建筑元素，增添回廊、拱门、庭柱等，整幢建筑呈现出中西合璧风格。

新中国成立后，陆宅被收归国有，成为乡政府办公场所。随着乡镇合并，陆宅成为芦墟文化站的所在地。20世纪50年代，由于房屋改造，宅园的第三进部分平屋和花园等建筑被拆除，仅留花厅。自2015年起，陆宅开始进行全面修复，

后花园

第一进

第二进

恢复了原有的假山、曲桥和水榭等建筑，同时，宅园的朝向也被调整，从原向坐东朝西改为坐西朝东。目前，陆宅作为黎里古镇的文体站使用。

泰丰路陆宅，前后共三进五开间，原设计正门朝西，临北栅漾。第一进为二层五开间楼房，院墙上设有漏窗，楼前为天井，地面铺设小块金山石，中间嵌有方胜图案，现存的两棵石榴树为当时所种植。南北两侧设有厢楼，楼下开设落地长窗，楼上为短窗。

第二进同样是二层五开间楼房，两侧配有厢楼。经过修缮，天井处现立有一座砖雕门楼。据原有的金山石台基推测，该门楼原本该是一座带有飞檐的门阁，但因早被拆除，原样已无从考究，故修建成现在的门楼。

第三进后厅为平屋，花厅、精舍环绕。后花园是整个陆宅的精华所在，原有池塘、太湖石假山、花厅、水榭及五开间平房精构。后来，建筑遭受破坏，假山被拆除，池塘被填平，水榭改建成办公室，花厅改造成宿舍。如今经过修缮，重新挖出了池塘，重建了假山水榭，尽可能恢复了后花园原貌。

二进厢楼

砖雕门楼

水榭彩色玻璃窗

各式铺地

铺地是陆宅独具特色的建筑艺术。作为传统建筑的精湛构作，铺地有着悠久的历史。明末著名造园家计成在其著作《园冶》中详细探讨了园林建筑艺术，其中就有讲述铺地技法的章节。在陆宅，天井和花园的走道上都运用了精妙的铺地技艺。在室外铺地方面，则选择采用传统元素。这些铺地不仅设计巧妙，图案繁复，且寓意深远，各式吉祥图案承载着主人对美好生活的憧憬与祝愿，展现了“福寿盈门”的文化内涵，是整座大宅不可或缺的文化元素。

陆宅兴建于晚清民国换代之际，继承了苏州园林独特的艺术风格，同时融合近代建筑材料。能工巧匠们以他们的智慧和技艺，留下了这部宝贵的园林美学教科书。

三宅并一宅：
桃园

桃园，又称陶氏宅园。建成于20世纪40年代，是《苏州园林名录》中的108座园林之一，2009年被公布为苏州市文物保护单位。

走进古城幽静的盛家浜小巷深处，但见外墙上一方砖额镶嵌着“古巷新韵”四个字，这里便是桃园——陶伯渊的故居。桃园始建于民国时期，最初由王家、张家和陶家三个家族共有。盛家浜4号曾是上海邮务工会理事长王震百的宅邸，6号宅院归属于张姓律师，而8号宅院则是东吴绸厂业主陶伯渊的宅园。陶伯渊曾担任东吴绸厂经理，在购入盛家浜8号房产后建造宅园，并命名为陶园。随着时间的推移，陶园历经多次变迁，成为普通居民的住宅。房屋年久失修，庭院破损严重。

2004年，有关部门将盛家浜4号、6号、8号三处合并为一个整体，并对其进行全面整改，重新命名为桃园。经过修复，桃园成为吴文化展示活动场所。2016年，桃园因安全隐患问题被暂停关闭。2020年，再次进行了修缮。

桃园坐北朝南，南面有一道高大围墙，墙上开设十一扇漏窗。入口为花岗岩石制成的石库门，内嵌对开木门，门楣上镶嵌方砖，上书“桃园”二字。入内便是两座由廊相连的歇山式小轩，顶部装饰纹头脊，屋面覆盖小青瓦。中式庭院内，廊榭构筑，精致典雅，绿荫掩映，水池、假山错落有致，曲桥蜿蜒其间。沿池岸的假山台阶拾级而上，可至“吟风亭”，亭为六角攒尖顶，檐下悬挂葵式万川挂落，下部设半墙，配置吴王靠。凭栏远眺，风景优胜。

松迎堂

翰墨楼

西式楼房

松迎堂位于庭院北侧，是一座砖木结构的建筑，顶部装饰纹头脊，屋顶覆盖小青瓦。前包檐和后包檐沿墙。中间各设六扇落地长窗，两侧各配置六扇半墙短窗。门口悬挂匾额，上书“松迎堂”。这里曾为陶家会客接待的地方。

翰墨楼，又称小姐楼，位于松迎堂东侧，共两层，面阔三间，屋顶覆盖青瓦，设纹头脊。一楼设落地长窗，两侧配半墙短窗。二楼配置短窗及裙板，裙板下部装饰回纹。室内底层用方砖铺地，楼上铺设地板。北面设楼梯间，配置双跑式木构件楼梯，配以花瓶柱扶手栏杆。

西式楼房在庭院北侧，楼房建筑别具一格，为二层带阁楼的混合结构建筑，面阔三间，顶部装饰纹头脊，屋顶覆盖小青瓦，辟老虎天窗。东侧的平面呈弧形。东立面设有方柱，用以支撑二楼阳台。楼内设楼梯，采用双跑式木构件设计。房屋的门窗采用中式玻璃窗，设计精致。朝南一侧，东间设有六扇落地长窗，西面两间则各配有六扇半墙短窗。东面弧形的山墙上装饰有九扇半墙短窗。底层设有走廊，入内为宽敞大厅，室内铺设水磨石地坪，

吟风亭

顶部装饰有简单线脚。二楼主要为卧室和阳台。

桃园经过修缮后，焕发出崭新生机，中式庭院内再现了苏式园林的独特风貌，与原有的西式住宅相融合，呈现出和谐统一的园林景象。

同里“老公社”：经笥堂

经笥堂，又称任氏洋房，建于民国初期（1912—1915）。2014 年被公布为苏州市文物保护单位。

在江南六大古镇之一的同里镇中，坐落着一座中西合璧式的“红洋房”——经笥堂，又被称为任氏洋房。该建筑由任氏家族任申甫建于民国初期（1912—1915）。任氏家族是同里镇上的名门望族，家族历史悠久，族系庞大，府邸遍布同里各处。经笥堂共五进三十八间。民国三十一年（1942），任申甫的两个儿子任

经笥堂

大厅

堂楼

韵秋、任佩秋将宅院分家，各占一半，哥东弟西，大厅及中间房屋、走道等共有。新中国成立后，经笥堂成为同里人民公社的所在地，被称为“老公社”。如今，该宅院一部分被改建为同里游船服务中心，另一部分作为民居住宅使用。

经笥堂保存基本完好，现存四进楼房。

第一进是一座三开间的墙门间，大门朝南临河，外墙用青红砖扁砌，顶部风火墙上镶嵌五角星。中间设西式拱门，两侧红砖立柱，门前配置石制踏步。墙门间内，东西两侧各设有一个蟹眼天井，东部留有备弄，弄口处设置拱形条石小门，门框内嵌入对开小木门。

第二进为抬梁式结构的大厅，面阔三间，厅前设有轩。大厅采用硬山式屋顶，小青瓦覆盖，屋脊装饰哺鸡脊。大厅中间开设六扇落地长窗。大厅内雕刻精美，梁架扁作，横梁上雕刻凤戏牡丹和戏文故事等图案。棹木上刻精美人物山水图案，山雾云雕孔雀图案。

山雾云

外廊式洋房

第三进为三层堂楼，面阔三间，前带楼式厢房，中间为石板天井，天井南面设有一座砖雕门楼。门楼两侧用清水方砖贴砌，上枋中间雕刻“状元游街”图案，左右两侧各刻有两只展翅飞翔的仙鹤，祥云围绕其间。中枋题字，上书“鸣珂衍庆”，上款“丙寅清河上皖”，落款“徐豫吉”，并配有两方印章。两侧兜肚雕刻戏文故事。下枋正中刻“福禄寿”三星展卷，寿星旁雕刻白唇鹿图案。可惜东西两侧垂柱已毁。

第四进是一座两层砖木结构的外廊式洋房，为全宅精华所在。洋房采用硬山式屋顶，外墙采用清水砖砌筑，配以红砖装饰。底层设廊券，五拱相连。二楼设通长阳台，装饰木制“卍”字纹栏杆。檐下悬挂精美挂落。西侧风火墙上镶嵌琉璃花窗。

经笥堂第一、三、四进都具有鲜明的中西合璧的建筑风格，第二进为传统中式风格建筑，四进宅院相互融合又各具特色，有着混搭的妙趣，是近现代建筑中西结合的典范。

青石沧桑未厌居：
叶圣陶故居

叶圣陶故居，也称“未厌居”，建于民国二十四年（1935），1998 年被公布为苏州市文物保护单位。

位于姑苏区滚绣坊青石弄 5 号，是著名教育家叶圣陶先生（1894—1988）的故居，又称“未厌居”。叶圣陶生于平江路悬桥巷，后曾在大太平巷租住。而这所住宅是叶圣陶用积攒多年的稿费，于民国二十四年购得青石弄宅基地后建造的。

正门

走廊

在这座住宅内，叶圣陶度过了两年的创作生涯，完成了短篇小说《一篇宣言》和散文集《未厌居习作》等作品。后因抗战全面爆发，举家迁往四川。1984 年底，叶圣陶将这所住宅捐给国家。随后，宅院经过全面修缮，于 1990 年正式成为苏州杂志社新址，时任社长为著名作家陆文夫。自那时起，这里便成为各地作家都喜欢光顾的地方。这里不仅留存着叶圣陶先生的生活足迹，也成了文学创作的聚集地。

叶圣陶故居是一座砖木结构的海式平房，庭院三面设回廊，古朴幽静，整体平面呈丁字形，一半是宽敞明朗的庭院，绿树掩映，另一半是布局合理的平房。宅院朝东，入口处设有高大围墙，石库门框内嵌有对开木门。门楣上方镶嵌长方形门额，上书“叶

庭院

圣陶故居”字样。庭院内景观开阔，花街铺地。院东植有紫藤及一株石榴树，紫藤垂挂，榴枝繁茂。院南有小桥流水、绿植石径。院北是一排朝南青砖平房，屋顶装饰纹头脊，共有四间房间。屋前设有走廊，方砖铺地，檐下间隔有序地排列着方柱，柱间设置坐凳砖栏。室内铺设地板，每个房间被格扇长窗分隔为内外两部分，内部是卧室，外部则是写作、会客和起居的空间。院西还有一排后建的朝东附房，外墙采用青砖砌筑，屋顶覆盖青瓦，与院北的风格相得益彰。

绿玉青瑶浩歌行：
陈去病故居

陈去病故居，又称明善堂，建于清末民初，1995年被公布为江苏省文物保护单位。

陈去病故居位于同里镇三元河畔的三元街15号，又被称为明善堂，建于清末民初，占地面积为一千多平方米，1980年，被公布为吴江县文物保护单位，随后在1995年升级为江苏省文物保护单位。20世纪90年代后，陈氏后裔将明善堂内的绿玉青瑶馆、浩歌堂和书房等房产相继捐给同里镇政府，陈去病故居经修缮后对外开放。

陈去病（1874—1933），原名庆林，字佩忍，出生于江苏吴江，中国近代诗人，南社创始人之一。深感“匈奴未灭，何以家为”的责任，毅然将名字改为“去病”。1933年，病逝于家乡同里镇。

陈去病故居现存主体建筑有绿玉青瑶馆、百尺楼、浩歌堂、书房及家庙等。大门面西临河，四周围墙高耸，石库门框内嵌有对开木门，门楣上的砖额刻有“孝友旧业”字样，门内设有半亭，两脊戗角飞翘，左右相对，檐下悬挂万川葵式挂落。进门为天井，花街铺地。北侧是陈氏家庙，现为陈列室。东侧是百尺楼，南侧为绿玉青瑶馆，浩歌堂在百尺楼北侧往东。

百尺楼，楼名取自秦湛词句“极目烟中百尺楼”，是一座二层砖木结构的楼房。顶部装饰纹头脊，屋顶覆盖小青瓦。底层设八扇落地长窗，采用方砖铺地。楼上配置八扇短窗及木裙板，地面铺设地板。百尺楼曾是陈去病藏书和写作的地方，他的著作《百

百尺楼

浩歌堂

浩歌堂内景

绿玉青瑶馆

尺楼丛书》即得名于此楼。

浩歌堂坐北朝南，面阔三间，硬山式屋顶，中间设八扇落地长窗，两侧各有六扇半墙短窗。堂中悬挂横匾“浩歌堂”和“女宗共仰”。两侧抱柱上挂有陈去病自撰楹联，上联为“平生服膺明季三儒之伦，沧海归来，信手抄成正气集”，下联为“中年有契香山一老所作，白头老去，新居营就浩歌堂”。这里当年是陈去病会客之所。浩歌堂的东侧为书房。

绿玉青瑶馆，又称堂楼，建于民国二十一年（1932），坐西朝东，采用了中西合璧的砖木结构，上下两层，面阔五间，南北两侧各有厢楼，共设有十三间房间。入口设月洞门，楣额上镌刻着“绿玉青瑶之馆”字样，堂名取自倪瓒诗句“依微同里接松陵，绿玉青瑶缭复萦”。底层中间的三间为厅堂，设落地长窗，地面铺设方砖，木构件楼梯。两侧以屏门相隔。北厢房曾是陈去病的书房和卧室。南厢房为二层，楼上设有宽敞露台，配西式栏杆。

经过修缮后，陈去病故居已成为同里景区内的重要景点之一，不仅是未成年人社会实践体验活动站，同时也被确定为苏州市爱国主义教育基地。

中西合璧的海派老宅：
诵芬堂雷宅

诵芬堂雷宅，俗称雷氏老宅，建于民国十六年（1927），是拆除原雷氏老宅后建造的。

包衙前20、22号雷氏老宅的宅主是雷养直，老宅建于民国十六年，是在拆除原雷家老宅的基础上兴建的。雷养直，又名雷怡云，是昆剧票友和曲艺家，同时也是“雷允上”中药店的创始人雷大升的后人。目前，这座老宅已经改建成多户人家共同居住

中路正门

东路 20 号

西路 22 号

东路走马楼

的住宅大院。2018 年，此地以“诵芬堂雷宅”之名被列入苏州市历史建筑名录。

诵芬堂雷宅是一座砖木混合结构的二层楼房，为典型的海派风格建筑。坐北朝南，分为东西两路，南面的外墙上设有东、中、西三座门。其中，东门和西门为传统石库门。中门为正门，门楣上方呈拱形，装饰有精美花卉图案，原来是一座独具特色的西式镂空铁艺门。可惜现铁艺大门已毁，由单门板代替。入内原为一座苏式庭院，庭院两侧分别设有边门，通往东西两路住宅。如今，庭院已拆除，原址上已建起房屋。

东路住宅门牌号为 20 号，外墙采用青砖扁砌，墙上设有木格玻璃窗，窗框用花岗岩条石制成，是典型的西式风格。外墙东侧设置砖雕门楼式石库门，入内为天井，天井的院墙上为一堵砖细影壁，围以长方形边框，无装饰，素雅朴实。天井往西是一座四面围合的走马楼，中间是由花岗岩石板铺设的庭院。前后两进堂楼，面阔五间，门口设置条石台阶，底层为落地长窗，室内金砖铺地，扁作梁架，尽显香山帮传统建筑风采。此外，堂楼东北角还辟有一座雅致的小庭院，院内设一口水井，井栏为花岗岩，呈内圆外六角形。

西路住宅门牌号为22号，前后三进堂楼，为中西兼容式走马楼。第一进堂楼，面阔三间，中间设有传统石库门框，内嵌对开木门。入内为墙门间，门后装置有传统的“天落撑”。东西两侧为附房。墙门间北面，设有一座独特的中西合璧式门楼，石库门框两侧配置两根方形罗马柱，门框上方雕塑三角楣饰，中间塑有“和合二仙”图案，生动形象，四周装饰着花带和花篮，下枋有松树、花边等装饰图案。

第二进堂楼，底层朝南设有一排落地长窗，下部为木裙板，上部为配有木格图案的玻璃窗。门前设廊，廊下悬挂精美挂落和灯笼短柱，木构方柱下配以对称的方形花岗石柱础。室内方砖铺地，从东侧木构件楼梯拾级而上，可至二楼。楼上主要是卧室和回廊。与众不同的是，二楼设置一排形制不同的双层落地长门，分为外门和内门。外门采用可以移动的木构百叶门，内门的上部为玻璃窗，下部配置木构裙板，玻璃上的花卉图案呈现出立体感，这种双层落地长门是典型的西洋风格。

中西合璧式门楼雕塑

罗马柱柱头

第一进和第二进堂楼围合成一座中西兼容式走马楼，中间为庭园，东西两侧为廊。东廊月洞门已毁，墙上镶嵌书卷形的砖额，题“迎曦”二字；西廊月洞门上方书卷形砖额题“玩月”二字。

第三进为一幢西式洋楼，面阔二间。底层东面凹进，形成一个走廊式平台，平台两端各设有两根水泥罗马柱，上下贯通。柱身上细下粗，表面有凹槽，柱头装饰毛茛叶图案，形似盛满花卉的花篮。底层是大厅，地面铺设方砖。二楼主要用作卧室和阳台，铺设地板。洋楼南侧设置多扇木格玻璃落地长窗，外墙配置木格短窗，使室内光线明亮通透。室内采用泥墁吊顶，中央装饰成多层同心圆图案。洋楼的东西两侧分别有一个小天井。东侧的小天井内设有一口花岗岩水井，呈圆形。西侧的小天井内配有一架固定的露天楼梯，楼梯由水泥制成，配置铁栏杆扶手，拾级而上，可到达顶层阳台，俗称“晒台”。

诵芬堂雷宅建筑细节丰富多样，中西合璧，既保留了传统的中式宅院特色，又揉进了西方美学的建筑元素，使得老宅成为形制独特少见的民国时期建筑，弥足珍贵。

夏荷园

匠心独运的古园林：
夏荷园旧迹

夏荷园，又名曲溪。始建于明代，修缮于清、民国时期，由东山严氏家族建造。

吴中东山镇是一座历史悠久的古镇，旧时，此地的名门望族在兴建住宅的同时通常也会建造园林，由此形成了各式各样的园林景观，如今大部分园林已残破或消失，夏荷园是东山为数不多留存的古代园林之一，尽管它有些许破损，但能够保存至今实属不易。

夏荷园，又称曲溪园，取自“曲水流觞”之意，坐落于吴中区东山镇碧螺村马家弄44号。这是一座由当地严氏家族兴建的私家花园，始建于明代，历经清代和民国时期的多次重修。民国年间，严氏宗族的后代严家炽对园林进行了修葺，并在园内兴建了严家祠堂，其中包括嘉树幽岩、荷沼亭榭等景致。新中国成立后，夏荷园曾被军队、单位和居民等使用，园内的许多建筑遭到了毁坏。此后，该园曾一度改为校办船舶电器厂。目前归江苏吴中集团所有。

夏荷园的主体建筑布局与“水”紧密相连，分为东部和西部。东部的书楼沿溪而筑，西部以水池为中心建立花厅及方亭等建筑。

书楼是一座二层砖木结构的楼房，屋顶为硬山式，楼前设有石梁桥，桥前植有一棵古老的紫薇树，已有五百多年的历史。房屋面阔五间，东西两侧形制有所不同，西侧为三开间，底层为半墙短窗，楼上设有短窗及木裙板，西山墙上另设有宝瓶形门洞。

书楼门前

花厅

船篷轩

二楼木栏杆

东侧为二开间，底层装有对开木门，配置半墙短窗。沿木构件楼梯拾级而上，可至二楼，二楼设有前廊，配置花瓶柱木栏杆，饰以精美花卉图案。

花厅坐落于水池北侧，采用硬山式顶，面阔三间。整体结构由前轩、内五界和后廊组成。前轩设置船篷顶，轩梁扁作。前后的明间设有海棠纹落地长窗，双次间则设半墙菱形短窗。厅内大梁扁作，梁上雕刻有精致花纹图案，地面铺设方砖。厅外北侧设有水泥拱桥，坡度平缓。东侧山墙下设走廊，外墙嵌有两块书条石，字迹模糊，署名“文治”。廊前有三跨金山石梁桥，驳岸连接处石块装饰有如意轮回旋水纹。

方亭位于水池东侧，临水而筑，顶部被绿植覆盖。较为独特的是，方亭外墙一侧设置海棠纹和合窗，造型古朴雅致。

夏荷园内环境清幽，水池、庭院、亭台楼阁相映成趣。园内古树葱茏，建筑风格因地制宜，呈现出极具诗意和画意的景观，体现了典型的苏式私家园林特色。

第六章　西式别墅

苏州的西式别墅，是苏州的历史见证者，也是苏州人的独有记忆。它们中西合璧、兼容并蓄的建筑风格，既传统又创新，既开放又独立，是这座城市珍贵的印章。

丽夕阁立面

民国最豪华的洋房之一：
丽夕阁

丽夕阁，建于民国十八年（1929）。2003 年被公布为苏州市控制保护建筑。

丽夕阁位于十全街 249 号内（原蔡贞坊 7 号），民国时期称为蒋公馆，如今是南园宾馆的 7 号楼，建于民国十八年，耗资两万银圆，是当时苏州最豪华的洋房之一。

新中国成立后，丽夕阁被收归国有。1952 年，政府以丽夕阁为主楼，建立苏州市外宾招待所，也就是南园宾馆前身。在此后的数十年里，丽夕阁一直是苏州外事接待的重要场所，许多国内外政要曾下榻在此。2005 年，政府对丽夕阁进行了全面修缮，恢复了其民国时期的原貌。

丽夕阁是一幢三层三开间的西式楼房，坐北朝南，整体平面呈长方形。屋顶为坡屋顶，底层的大门向内凹进，三面环廊，围铸铁栏杆，廊柱采用粗壮的花岗石材质。底层大门设罗马式拱形门框，嵌磨砂玻璃弹簧门，东西两侧装饰有西式壁灯，廊上悬挂铁艺西式吊灯。

一楼内设有大厅、书房、休息室和餐厅等空间。客厅和楼道壁上设有长条状的拱形壁龛，向内凹进，内壁圆滑，复古典雅。楼梯采用双跑式设计，配以铁艺栏杆。

二楼设有起居室和会议室，两侧为卧室，都配有观景台。二楼中央空间设置精致回廊，围栏采用铁艺栏杆。

三楼用作贮藏室，顶层设有晒台围栏。整幢楼内部均采用上

一楼

二楼

主楼外立面

等木材进行铺设，房间地板选用进口材质，房间墙壁以柚木护墙板进行装饰。室内还配备了壁炉，以解决冬季取暖的问题。

主楼后置一幢二层红砖楼房，称为北楼，与主楼设有天桥相通。北楼一层为厨房和餐厅，二层是佣人居住区。楼房四周环绕着古树松柏，郁郁葱茏，与鱼池、假山相映成趣，曲径通幽，各式花木点缀其间，呈现出一片充满园林韵味的景致。

此外，主楼西南面设有一座佛堂。南侧假山花园屹立着一座六角亭，亭为六坡落水攒尖顶，覆盖琉璃瓦，戗角飞翘，下半部设半墙，上设吴王靠。

整座丽夕阁融合了传统苏式庭院的风貌与现代建筑形式，选用材料讲究精致，独具匠心。

从慕家花园到遂园：
荫庐

荫庐，曾名遂园、慕家花园，现主体建筑建于民国二十三年（1934）。1991 年被公布为苏州市文物保护单位。

荫庐，旧时被称为慕家花园，是一处融西式建筑与中式园林于一体的花园别墅，坐落于姑苏区景德路 297—311 号。主楼建于民国二十三年。清康熙年间，这里曾是巡抚慕天颜的私家花园。乾隆年间，慕家花园东部归属于状元毕沅，改建为毕园。道光年间，道员董国华购得花园西部，并对其进行了修葺。宣统年间，刘树仁购入，重新修复并将其改名为遂园。民国二十年，刘氏后裔以 2.1 万元的价格将遂园出售给浒商吴涤生。民国二十三年，花园的所有权归属于上海闽商叶荫三，他对花园进行重新修葺，建立西式楼房，并改名为荫庐。新中国成立后，荫庐曾被驻军机关、苏南行署、公安局、康复医院和轻工业局等单位使用。1958 年下半年，该地被用作儿童医院。

荫庐现存建筑由一座西式主楼、附楼和中式花园组成。主楼建筑平面呈“凸”字形，共有三层，其中第三层被用作储藏室。主楼外观具有欧洲罗马式建筑风格。外墙采用沙包式砌筑法，结合饰面墙砖和汰石子两种材料，形成了颜色和质感上的鲜明对比。建筑的背面主要采用水泥材料。顶部覆盖绿色琉璃瓦，显得雍容华贵。主楼东侧设有门厅、楼梯等公用空间，造型精美。西侧主要为卧室。东面和南面均设置正门。

东立面的正门庄重气派。门前设有走廊，走廊铺设小方块彩

东立面

色马赛克地砖，前廊间隔有序地排列着四根高大挺拔的罗马柱，柱头装饰大圆形涡卷。柱身贯通一层和二层阳台，形成三个拱形门宕。底层中间设置两扇落地玻璃长窗，两侧各有两扇玻璃短窗，均为民国风格。二楼东立面顶部为三角形，正中阳台上设有花瓶柱栏杆，两侧缩进并配有小阳台，左右对称，相映成趣。

南面临池，南立面的正门同样独具特色，走廊地面铺砌马赛克地砖，廊前设有两根粗壮的罗马柱，形成通长的拱形门宕，呈现出优雅的氛围。底层配有落地长窗，二楼朝南设置弧形阳台，配以铁艺栏杆。正门右侧另设有一道边门，边门为彩色落地长窗，门框两侧镌刻一副对联，上书“为善家乐，居德斯颐”。

从边门进入，又是一番天地，室内地面采用了三种不同的材料，入口处铺设精致的马赛克地砖，门厅和楼梯以拼花水磨石进行装饰，二楼铺设木地板。室内的扇面螺旋形楼梯格外引人注目，呈

南立面

边门

壁龛

扇面螺旋形楼梯

盘旋状向上延伸，通往二楼。楼上设有连廊，两侧整齐排列着多间住房。在楼道墙壁和二楼连廊墙壁上，设有拱形壁龛，向内凹进，壁龛造型典雅。

紧靠主楼的北侧，还有一座体量较小的附楼，与主楼建筑风格一致，两楼之间由过道相互连接。

花园在主楼南侧，以水池为中心，池岸堆叠着嶙峋的湖石，营造出自然而有趣的景观。池中横跨着两座三曲平桥，分别连接池岸的假山和石舫，桥面由花岗岩条石制成，两侧配以铁艺栏杆。池底设有三口联体蜂巢式水井，井栏为石质六角形。水井不仅能够调控水位，还能为水池提供源源不断的活水。池西岸壁隐藏着潜水泵，可通电后抽水，被提升的池水沿岸壁飞流直下，形成一处瀑布景观。

花园内的两座假山堆叠在池岸上，东西相对，隔池相映成趣。西假山采用湖石建造，山上有盘旋而上的蹬道。山脚下矗立着“旷然亭”，亭为六角攒尖式顶，戗角飞翘，亭顶覆盖着翠绿琉璃瓦。亭子古朴典雅，檐下悬挂精美挂落，下半部设半墙，上敷

花园

设吴王靠，望柱上雕刻精美的狮子。东假山体量较大，石材堆叠，底部主要由黄石构成，顶部夹杂着少量湖石。在假山之间，蜿蜒着多条蹬道，通向各个深邃的山洞。沿蹬道拾级而上，可达假山顶。假山顶卵石铺地。假山周围种植着多株古树，包括香樟、朴树、黄杨、罗汉松等。

花园东南角的池岸上，停靠着一艘典雅的石舫，为园主叶荫三在琴舫遗址上重建的。由于石舫建在岸边或水边，无需系泊，所以被称为“不系舟”。石舫的设计融入了民国时期的建筑风格，主要由水泥制成，仅船头用花岗岩条石装饰。船身分为头舱、中舱和后舱三部分，两侧设有窗户，供通风采光。船头平台上装有花岗石系缆桩，可供人们站在这里远眺赏景。头舱伸入水中，一侧设有短跳板，配以铸铁栏杆，分为两层，覆盖卷棚顶。舱门为两扇落地长窗，两侧各有两扇半窗，窗格间嵌有磨砂彩色绘图玻璃。头舱的两侧下部为长方窗，上部为圆窗，圆窗内嵌有彩色玻璃。中舱仅一层，顶上是露天观景平台，两侧设有花瓶柱扶手栏杆。后舱为两层，顶部为船篷顶。舱门设有六扇落地长窗，窗户均嵌有彩色玻璃。整个石舫结构精致，设计独特。

荫庐的建筑布局保持了原始风貌，既结合了官邸的庄重特色与西式别墅元素，又融入了中式园林风格，展现出独特的文化融合之美，是民国时期私人住宅的杰出典范。

现代简约建筑风格典范：
邹樑臣故居

邹樑臣故居，建成于民国十三年（1924），1991年，邹樑臣故居以“蒲林巷近代住宅”被公布为苏州市文物保护单位。

坐落于姑苏区蒲林巷口的一座西式风格建筑，即邹樑臣故居。光绪二十五年（1899），邹柏如以三千银两购得蒲林巷口房屋。20 世纪 20 年代初，邹樑臣律师将其改建成一座西式洋楼，并于民

邹樑臣故居

旋转楼梯

走廊

柱头

国十三年竣工。新中国成立后，这座建筑曾一度为苏州电加工研究所使用，现作为公司办公楼使用。2023年，邹梾臣故居经过全面修缮，焕然一新，外立面经过重新粉刷，内部进行了修复和加固。

邹梾臣故居为混合结构，由西式楼房和中式花园组成，原先楼南的中式花园已废弃，现存一幢西式楼房。20世纪70年代末，故居的塔楼曾因失火部分被烧毁，经修缮后改建成平顶晒台。

邹梾臣故居整体建筑设计简洁大气，富有现代感，高三层，局部塔楼为四层。外墙原采用浅黄色拉毛水泥面，修缮后，现改为蓝白搭配。正门朝东，门券为弧法圈，门前设置花岗岩台阶。一楼和二楼的东南两侧分别设有走廊，走廊地面铺设进口马赛克地砖。一楼走廊前排列有四根罗马柱，柱头装饰精美，呈现出典型的科林斯式风格。二楼形制与一楼类似，只是罗马柱相对简洁，柱头没有过多装饰。二楼和三楼外廊上分别装饰有圆环图案的栏杆，造型美观大方。东立面的最高处耸立着一座塔楼，顶部为铁皮屋面，为整体建筑增添了特色。

落地长窗

楼内南侧通间设计宽敞，装有大面积落地玻璃长窗，具备良好的采光和通风效果。楼内天花板采用简洁线条装饰，室内光线明亮通透。室内分设有会客室、餐厅、厨房、卫生间、卧室、壁炉等功能区域，布局合理，功能齐全。

整幢建筑最为经典的是中央楼梯的设计，自下而上螺旋上升，呈现出360度旋转的造型，纤细的螺旋楼梯栏杆搭配其间，显得格外典雅。

一代国学大师的寓所：
章太炎故居

章太炎故居，也称章园，建于20世纪30年代，1982年被公布为苏州市文物保护单位，2011年被公布为江苏省文物保护单位。

在苏州的古城区，五卅路和体育场路一带分布着众多民国时期的建筑，其中就包括位于锦帆路38号的章太炎故居。章太炎故居始建于20世纪30年代，是当年章太炎在苏州的居所。民国二十一年（1932），章太炎受金松岑邀请来苏州讲学，并创立了国学讲习会。为了方便日常生活，他在锦帆路口购得一座西式别墅花园，章氏国学讲习会也在这个新居中成立。民国二十五年，章太炎病逝于苏州寓所，新中国成立后，其灵柩被迁葬至杭州。

2003年，章太炎故居改建成苏州市华侨活动中心。2005年，该处设立了章太炎故居陈列室。2023年，故居经过全面修缮，焕发出新的生机，现已成为苏州古城保护利用的示范区，并开办了古吴轩书店。

章太炎故居在当年被称为章园，大门原设在朝南的体育场路上。园内最初有两幢两层西式青砖洋房，章太炎为了满足讲学需求，后来又购得后院十余亩空地，在此营造了两座二层楼洋房，用作讲习会的教室和宿舍。在新中国成立后，原本的两座洋房在二层上被加建了一层。北部的两幢章氏国学讲习会建筑现已不存，被改建成五间平房，其衣冠冢即在平房东侧。

如今的章太炎故居，大门朝西，位于锦帆路上。整个院落布局错落有致，分布着三座洋楼。

一号楼

三号楼

小庭园

南侧为一号楼，是一幢三层洋楼，外墙采用清水砖扁砌，装饰有精美的木格花纹玻璃窗，二、三层外墙正中央设置了外挑阳台，围以花瓶式栏杆。

北侧为三号楼，与一号楼隔着庭园相望，也是一座三层洋楼。其南立面独具特色，东西两侧呈现出不同风格的造型。西侧的台阶、走廊和外挑阳台均为弧形，两根圆形罗马柱下粗上细，为科林斯式罗马柱。东侧走廊上方外挑出一座长方形阳台，配有两根八角形立柱。这两处阳台的设计相互映衬，展现出别致的建筑美感。

二号楼为新中国成立后增设，位于东北角，规模较小，共两层。

章太炎故居的东南角，有一座形制不规则的小庭园。与西式洋房截然不同，庭园充溢着浓郁的苏州园林风韵。整齐的冬青围栏内，花木扶疏，植有红枫、广玉兰等，湖石点缀其间。卵石铺砌的甬道尽头，石构井栏掩映于绿荫中。一泓碧波，围以嶙峋湖石，池上架设花岗岩平桥，旁有转角半亭，半亭悬挂精美挂落，题额“夕照”。晚霞映亭，别有一番诗情画意。

皇废基路口的洋房别墅：
叶楚伧故居

叶楚伧故居，建于民国时期，为中西合璧式建筑，
2004 年被公布为苏州市文物保护单位。

在苏州市姑苏区体育场旁边的皇废基路口，坐落着一座独特的洋房别墅，这就是著名南社诗人叶楚伧的故居。该洋房于民国二十五年（1936）由叶楚伧购得，并被翻建为一座西式别墅。叶楚伧（1887—1946），原名宗源、宗庆，字卓书，改字楚伧，以字行。别字小凤、叶叶、单叶、湘君等名号。祖籍吴江北厍，生于昆山周庄，后来定居上海。著名南社诗人，同盟会成员，近代著名政治活动家。曾在上海创办《太平洋报》，任《生活日报》编辑，并一度在《民立报》上撰写时政文章。

民国二十六年，叶楚伧将别墅出售于无锡商人范良坡，民国三十六年（1947），范氏以 910 万元整将别墅转售给严宝礼。严宝礼（1900—1960），生于吴江同里，是著名的新闻家和教育家，同时也是《文汇报》的创始人之一。他毕生致力于《文汇报》的编辑和发行事业。

叶楚伧故居是一座典雅的中西合璧洋房别墅，沿着皇废基巷一侧围起高大围墙。围墙采用清水砖砌筑，底部用花岗岩条铺就，用水泥浆勾缝，坚固耐用。围墙的东西两侧墙角下嵌有“叶界”界石。故居入口设立在东侧，门前铺有四级台阶，长方形门框内镶嵌着对开木门，两侧矗立着简洁的方柱。走进大门，便是一个不规则形状的小庭院，庭内绿树成荫，花木葱郁。整座别墅由一

皇废基巷

正立面

落地长窗

座主楼和一座附楼组成，两者之间通过天桥相连。

主楼位于东侧，是一座二层带阁楼的建筑。外墙采用清水砖扁砌，用水泥浆勾缝，墙体转角处装饰角砖。屋顶为四坡歇山式，覆盖青平瓦，设有老虎天窗。楼前设走廊，走廊东西两侧分别设有四根罗马柱，柱头雕刻精美，为典型的科林斯式。走廊上方的泥墁吊顶装饰有多层同心圆图案，中央悬挂顶灯，地面铺设进口彩色地砖。

主楼底层装有六扇落地长窗，两侧配备半墙短窗，窗框采用简洁线条装饰。室内大厅地面铺设精致的进口地砖，方砖上呈现出由蓝、黄、红三色相间组成的花纹图案，天花板装饰简洁线脚，楼梯为方柱木构件，呈曲尺式设计。楼上主要为卧室和阳台，卧室内铺设进口地板。

附楼位于主楼的西侧，为一座二层楼房，早年供佣人居住。主楼和附楼之间的天桥下，有一口自流井。井口由青石砌成方形，从最初挖掘至今，水位依然稳定。当年，井边还矗立着一座水塔，宅主一家日常生活所需水源可通过水泵从井中抽取。这种完备且自给自足的自流井系统，曾是民国时期高档洋楼的重要特征。

中国新舞蹈艺术奠基人的故居：
吴晓邦故居

吴晓邦故居，始建于民国十六年（1927），俗称“小白楼”，2011年被公布为江苏省文物保护单位。

吴晓邦故居位于太仓市沙溪镇西市街白云路，建于民国十六年，至今将近百年历史。这座故居曾是吴晓邦在家乡太仓县立初级中学任教时的居所。1998年，故居经过全面修缮，焕发出新的生机，现作为苏州市华侨文化交流基地、太仓市爱国主义教育基地等。

吴晓邦（1906—1995），生于太仓沙溪，中国新舞蹈艺术的奠基人、开拓者，舞蹈表演艺术家、理论家和教育家。曾担任中国舞蹈家协会主席，并在第二、三、五、六届全国政协中担任委员。同时，他也是中国文联党组成员。他的贡献不仅体现在舞台表演上，更体现在推动中国舞蹈艺术的发展和传承上。

吴晓邦故居是一幢二层西式小洋楼，外墙采用白色水泥墙面，因此被称为“小白楼”，其屋顶形制不同于平常使用的平瓦覆盖，而是采用整体浇筑的平顶结构。院墙上开西式库门，内嵌对开镂空铁艺门，两侧配有扁长方形门柱，门头上方装饰希腊三角楣饰并雕刻精美花卉图案。底层外立面造型凹凸有致，正门外设置开敞式门厅，门厅地面铺设进口的拼花彩色地砖，坚固耐磨，色彩鲜艳，至今完好无损，保持原貌。门厅外配置四级长条宽边台阶。二楼外立面设置玻璃窗，便于通风采光。楼房一侧向内缩进的外立面，配有外挑阳台，便于倚栏赏景。外立面转角处，安装从上

吴晓邦故居

壁炉

木楼梯

至下的落水管，便于雨天迅速排水。

整座别墅内部布局有序，有客厅、主卧、次卧、餐厅、储藏室、卫生间和厨房等区域，楼层上下除厨房和卫生间外均铺设木地板。客厅内设有壁炉和烟道，方便冬天取暖。室内窗户与众不同，从外到内共有百叶窗、纱窗和玻璃窗三层结构。别墅内的转角木楼梯雕刻精致，望柱和栏杆等构件均浮雕精美的花卉。

主楼旁边的附房，原为主人读书写字的书斋。配置月洞门的书斋，是典型的园林建筑风格，古朴雅致。

吴晓邦故居是乡镇中难得保留时间较长且保存完好的近代西式建筑之一，不仅是历史的见证者，也是当地文化遗产的重要代表，更是人们了解当地历史和文化的窗口。

西班牙式别墅风格代表：沈京似宅

沈京似宅，始建于民国二十四年（1935），2004年被公布为苏州市文物保护单位。

沈京似宅位于姑苏区十梓街96号，在苏州大学附属第一医院内，是一座具有西班牙风格的别墅，建筑形体层次丰富。始建于民国二十四年，于民国二十五年落成。当时，沈京似在古城内天赐庄的叶家弄购置了地块，并邀请从麻省理工学院毕业的李宏宝进行设计，随后雇用工匠建造。

沈京似（1897—1988），是著名美食家、古董和字画鉴赏专家，出生于江苏淮安的名门望族，家境富裕，祖上是清朝的官员。抗战时期，该处房产曾被日军司令部占用，新中国成立后，归还给沈京似。1951年，这座住宅被改建为天成电化厂，沈京似为该厂的股东之一。1956年，沈京似以22960元的价格将该房产出售给江苏省苏州医士学

沈京似故居

陡坡尖顶

校。现在，沈京似宅归属苏州大学附属第一医院。

沈京似宅现存主楼和附房。主楼为一座假三层的混合结构别墅，顶层为阁楼。坐北朝南，面阔三间。外墙采用红砖砌筑，墙面饰以奶黄色拉毛水泥，四面均设有窗户，窗框周围点缀红砖装饰。主楼西侧墙角处刻有“1936”字样，为其年代的见证。屋顶为陡坡尖顶，上面覆盖红平瓦，并设有老虎天窗。主楼阳台呈现

拱券门

木楼梯

上下错落的布局，装饰有精美的铁艺栏杆。大门朝东，设拱券门框，内嵌单扇木制拱门。室内铺设进口地板，配置直跑式木构件楼梯，布局合理，卫生设施齐全。主楼北侧为一排红砖红瓦平房，作为附属用房。楼前设有供休息的平台，周围绿树成荫，景色宜人。

沈京似宅已有近百年历史，至今仍保存完好。整座楼房错落有致，呈现出强烈的立体感。建筑色彩夺目，黄墙、红顶的搭配使其在周围的房屋中脱颖而出，令人眼前一亮。其西班牙式乡村别墅的建筑风格，是苏州近现代建筑历史变迁的重要见证。

木结构主楼与仿西式砖混厢房：
周神庙弄 9 号民居

周神庙弄 9 号民居，建于民国时期，2017 年被公布为常熟市文物保护单位。

位于常熟市城区周神庙弄 9 号的民居是一座中西式相结合的建筑，这里原是第五人民医院所在地。随着医院的搬迁，2008 年后，此地作为养生保健协会和市防癌抗癌协会使用。2017 年，有关部门对该住宅进行了全面修缮，使其再现民国时期的原貌。如今，该住宅已修缮完工，楼房焕然一新，成为康复之家的活动场所。

民居采用砖混结构，共二层，顶层设有阁楼。建筑由正面大厅和两侧厢楼组成，整体平面呈“凹”字形布局。正厅南面为全木构件结构，东西两侧厢楼为仿西式砖混结构。一层和二层之间设有木制连廊，连接两侧厢楼。

正厅朝南，屋顶为硬山式，上面覆盖小青瓦。走廊上设有两根木构件廊柱，廊柱贯通一层和二层的木构件连廊，连廊上装饰有纤细的花瓶柱栏杆，栏杆下刻有浅雕花纹，檐下悬挂精美挂落。底层走廊地面铺设方砖，顶部设船篷轩，楼上则铺设木地板。一楼朝南设有七对落地长窗，一字排开，中间横批窗上镶嵌菱形的蓝、绿色玻璃，并装饰着重复花纹，呈现出典雅的民国风格。廊前为天井，地面铺设水门汀地坪。厅内方砖铺地，墙中间塑有“康复之家”字样。东侧是楼梯间，楼梯为双跑式砖木结构，配以花瓶柱木栏杆。

东西两侧厢楼的外墙采用水泥墙面，底层中间设有长方形门

正厅

厢楼

连廊

框，两侧为拱形玻璃窗，门窗上方均装饰有优雅的弧形线条。此外，一、二层的连廊东西两侧辟有别致的花窗，具有采光通风的作用，为建筑增添了独特韵味。

周神庙弄 9 号民居显示出中西合璧的建筑风貌，且保存完好，为研究本地近现代建筑发展提供了宝贵的实例。

唐市老宅楼（中厅）

老街上的园中楼、楼中厅：
唐市老宅楼（中厅）

唐市老宅楼（中厅），建于民国十四年（1925），2009年，被公布为常熟市文物保护单位。

穿行于常熟唐市老街，随时都能遇见古朴清幽的老宅，它们凝聚着历史的记忆，悄然走进你的视野。北新街飘香园内的唐市老宅楼（中厅）便是其中一座。飘香园最初是明代天启年间著名文人柏小坡所建的柏园。清康熙年间，被处士王维宁获得，并更名为松梅小圃。乾隆年间，这片园林归属于黄廷煜，经过改建，成北宅园。咸丰十年（1860），这座宅园遭受战火的摧毁。直至民国十四年，乡绅龚雄购得废园，修建假山亭池，种植丹桂，唐市老宅楼（中厅）便是这时期所营造的。20世纪80年代，园名改为飘香园，取丹桂芬芳、飘香四溢之意。

新中国成立后，唐市老宅楼（中厅）曾一度作为乡政府的办公场所。2004年，相关部门对该楼进

西式彩色玻璃

行了全面修缮，使其成为沙家浜历史文化馆。

唐市老宅楼（中厅）是一座中西合璧的二层小楼，采用砖木结构，具有明显的民国时期建筑风格。面阔三间，硬山式顶，覆盖青瓦。底层明间向内凹进，设有八扇落地长窗，两侧为半墙短窗。整座楼房的门窗内嵌有西式彩色玻璃，红黄蓝绿，色彩夺目。底层西南两侧设廊，西侧排列着四根粗壮的方柱，擎托着二层围廊。楼上三面围廊，围栏上装饰着精美雕花，配以“卍”字纹木栏杆，廊上排列有木构件立柱，立柱下部为方形，装饰花纹图案，上部为宝瓶状。檐下悬挂连缀挂落。底层地面铺设方砖，楼上铺设地板。楼梯为砖木结构，栏杆为宝瓶柱。

小楼的后侧还矗立着两座形制不一的砖雕门楼，一座为中西合璧式，另一座为传统的香山帮式。中西合璧的砖雕门楼采用经典的罗马柱拱门设计，拱券内雕刻着精致花卉纹样，门楣的中间上部呈“凸”字形，一面刻有西式花卉图案，另一面则雕刻着传统的松树和凤凰图案，寓意为“松鹤延年”。门楼两侧设有方柱，柱头顶端雕有琴棋书画图案，细节精致，独具匠心。另一座门楼则展现了传统的香山帮建筑风格，屋檐覆盖着黛瓦，正脊为哺鸡脊，中枋刻有“养和以泰”字牌，两侧兜肚雕有精美花饰，下枋两侧浅雕纹饰，左右对称。两座砖雕门楼相对而立，隔着庭院相望，相映成趣。

这两座砖雕门楼与同为中西合璧风格的老宅楼中厅，相得益彰。传统的香山帮风格赋予了建筑端庄稳重的调性，西式的雕花及彩色玻璃窗为其增添了生动活泼的元素，使其成为近代建筑中一抹亮丽的色彩。

中西合璧式砖雕门楼

传统砖雕门楼

凤栖于梧：
凤柱楣故居

凤柱楣故居，建于民国二十五年（1936），占地面积为 3000 多平方米。2014 年被公布为苏州市控制保护建筑。

姑苏区公园路 25 号为凤柱楣故居，民国二十五年由清末显宦汪鸣銮后裔出资兴建，民国二十六年落成。最初这里为一处西式别墅小区，现仅存一幢独立别墅。抗战时期，汪氏后代将此宅出售给洞庭西山凤氏家族、上海东莱银行的凤柱楣。凤柱楣取“凤栖于梧”之意，将此宅命名为“梧村”。1956 年，公私合营后，凤氏仅留 1、2 号别墅自住。随后，该住宅被苏州丝绸研究所使用。1999 年，梧村的大部分建筑被拆除并重建，只保留了后部的花园洋房。近年，花园洋房作为苏州市政府老干部活动场所。

凤柱楣故居现存花园洋房及附属建筑，整体布局呈现出“南园北宅”的结构，即南部设花园，北侧为住宅。

北侧主楼是一幢假三层、顶层带阁楼的西式洋房。综观整个外立面，它呈现出独特的造型，具有不对称的巴洛克风格。外墙采用青砖扁砌，使用沙包式砌法，用水泥浆勾缝。屋顶覆盖青平瓦，并配有老虎天窗。南立面的外观呈现出弧形立面与垂直立面相互映衬的特征。北立面的西北角突出，呈曲尺状。东西两侧外立面各有一个扁长方形烟道伸出屋檐。东立面北侧设有小型外挑阳台，围以铁艺栏杆，屋顶上凸起阁楼还配置有露天晒台。所有这些造型特点都是民国时期洋楼建筑的显著特色。

主楼的南立面可分为两个形制不同的部分，东半部分为弧形

正立面

立面，为典雅的舞台造型。底层最南端设置了半圆形台阶，地面为大理石贴面。底层向内凹进，形成一个走廊式平台，平台设有两根水泥罗马柱，柱础为方形叠加圆形，柱身上细下粗，表面雕刻有多条沟槽，柱头装饰涡旋形图案，涡旋上有顶板支撑楣梁，为爱奥尼亚式罗马柱。连接二楼的罗马柱相对简洁，不设沟槽，与底层的罗马柱上下衔接。底层缩进的外墙中间配置多扇木格玻璃窗，分为落地长窗和半窗。二楼朝南紧密排列着十六扇玻璃窗，以确保充足的光线和开阔的视野。二楼和底层之间的结合面上堆塑各类几何造型图案，大气美观。

主楼南立面的西半部分呈垂直立面，没有弧度。底层最南端

书房

罗马柱

落地长窗

花园

设有三级大理石台阶。底层还设置了走廊式平台，一根爱奥尼亚式的罗马柱矗立其中，与二楼的罗马柱相衔接。此外，平台外墙上配备多扇落地长窗和半窗。平台的西南角被巧妙地设计为转角房间。底层和二楼的外立面中间部分，同样装饰有几何造型图案。

室内被分隔成会客室、休息室、书房、厨房、卫生间和卧室等多个空间。原有的西式壁炉现已不存，仅剩东西两侧的烟道为历史的见证。楼梯采用方柱木构件，底层原本铺砌的马赛克地板已经被现代的地砖替代。二楼的地板依然保持如初，至今仍在使用。

南侧花园原面积宽阔，后因南面房屋的扩建和修复，面积缩小。园内东南角布置有亭子、水池和花台。靠墙的亭子为坍塌后重建，其制式颇为奇特少见，为梯形攒尖顶。亭子由四根圆柱支撑，东侧两根间距较大，形成梯形平面。亭檐下嵌有万川挂落，底部设置吴王靠。亭子一侧原有水池，现种植花木，四周围以嶙峋湖石。花园东侧栽植书带草、棕榈、红枫等各类植物，使得整个花园郁郁葱葱，依然保留着古典园林的特色。

凤柱楣故居保存完好，其经典美观的建筑造型在苏州近代建筑中独树一帜，属于少见的西式建筑形式。

近代建筑大师的洋房：
俞楚白宅

俞楚白宅，建于民国三十七年（1948）前后，
2013 年被公布为昆山市文物保护单位。

位于昆山玉山镇亭林路西侧 108 号的一座西式洋房，是民国时期著名建筑设计师俞楚白为自己设计的住宅，建成于民国三十七年前后，之后曾被上海电影制片厂购得，改为职工疗养院。20 世纪 60 年代初，这里被用作干部宿舍。20 世纪 70 年代，这里成为县体育运动委员会的办公场所。经过多次整修，现为昆山人大研

正立面

外挑阳台

木构件楼梯

究会所在地。

俞楚白（1898—1955），生于昆山玉山，著名建筑设计师，毕业于南洋大学（上海交通大学前身），后加入上海铁路管理局担任工程师。先后主持设计长海医院和江湾体育场，此外，众多重要的建筑项目也均由他设计，包括正阳桥、青阳港大桥、中山纪念堂及县立初级中学校舍等。

俞楚白宅是一座二层砖混结构的西式楼房，坐北朝南，歇山式顶，上面覆盖平瓦。外墙原是显眼的红墙，经修缮后改为奶黄色拉毛水泥立面。朝南的外立面有两种不同形制，东半部向外凸出，上下两层之间以四根通长的罗马柱相连，形成一个引人注目的梯形平台，底层平台作为门厅，上层平台则构建成一个外挑阳台，阳台设置网格状栏杆。西半部为简洁的垂直立面。西南两侧的外墙上整齐排列着中式木格玻璃窗，便于通风采光。

楼房内分隔成多个空间，设有客厅、卧室、厨房、卫生间、楼梯间等功能区域，地面铺设地板，楼梯采用方柱木构件，客厅原设有西式壁炉，现仅保留屋顶的烟囱。

2022 年，俞楚白宅再次进行了全面修缮，老宅焕新，承载着昆山丰富的文化历史记忆。

西立面

南立面

民国药房深宅：
塘市长春堂

塘市长春堂，建于民国十二年（1923），2007年被公布为张家港市文物保护单位。

在张家港市杨舍镇的塘市老街上，依然能够清晰地看到20世纪留下的历史印记。曾经，这条古老的街道上聚集了几家规模庞大的中药房，其中以叶家经营的长春堂药房最为著名，它坐落于塘市老街的南端，建于民国十二年。然而，1995年，由于拓宽街道改造，沿街的第一进铺面被拆除，如今仅剩下第二进的生活区及一口古井，长春堂成为多户居民共同居住的住宅。

长春堂现存一座砖木结构的二层楼房，坐南朝北，面阔三间，屋顶为歇山式，覆盖小青瓦，东西两侧山花墙上雕刻精致花卉图案。西侧底层设置五扇西式窗户，窗户呈长方形，窗框上部为半圆形，内侧左右各透雕有精美的凤凰、花卉等图案，窗框下部装饰花纹浮雕，造型典雅，富有古典韵味。西侧二层上，分别设置传统木制短窗和拱形彩色玻璃窗，山墙垛头装饰着精致的浅刻图案。北侧立有高耸的围墙，上部镶嵌四扇漏窗。

南侧底层采用水泥立面，中间设有方形门框，内嵌单门板，东西两侧为玻璃短窗。二层装置半墙短窗及木裙板，一字排开。现今，楼房大门位于南面，内部设有过道，青砖铺地。天井四周装饰半墙镂空雕花短窗，楼上设木构件回廊，配以花瓶柱木栏杆，下部刻有精美雕花。

塘市长春堂第二进住宅保存完好，其精致的木制雕花与炫彩

西式窗户

垛头装饰

天井

的玻璃窗交相辉映。长春堂巧妙地将传统建筑风格与西方美学文化相融合，展现出既端庄大气又绚丽多彩的一面，为该地区近代建筑发展提供了宝贵的历史资料。

民国美式风格建筑代表：朱子久故居

朱子久故居，建于民国时期，占地面积为350平方米，建筑面积为334平方米，2004年被公布为苏州市控制保护建筑。

朱子久故居位于姑苏区十梓街望星桥南堍6号，曾是著名药剂师朱子久的住宅，建于民国时期，由其父亲朱寿门在抗战时期购买并修建。现今为多户居民居住使用。

朱子久（1892—1959），又名朱恒，出生于浙江湖州。福康药厂创始人。民国九年，朱子久在上海开设福康西药店，并成功自制了镇痛新药“凡痛灵”，随后又开发了多种新产品。民国二十一年（1932），为了扩大生产，朱子久将上海福康西药店迁至苏州盛家带30号，改名为福康药厂，即苏州助剂厂的前身，是国内最早的国产西药原药工厂，同时也是当时苏州规模最大的西药生产厂。

朱子久故居是一座二层带阁楼的青砖洋房，为美式房屋，采用混合结构，坐北朝南，面阔三间，整体呈长方形布局。外墙为青砖扁砌，为一顺一丁式砌法，屋顶为歇山式，四坡落水，覆盖小青瓦，设有老虎天窗，屋脊铺盖青脊瓦。山墙尖处配有圆形窗宕，便于通风。在外墙的西南转角处还有一块石碑，上面雕刻着“赵界”字样。

楼房南面的底层设有走廊，装置三道青砖拱券，上施泥墁，入口处铺设三级花岗岩条石台阶，地面为磨石子地坪。楼上外墙为三个拱形窗，窗框原为木制，现改为铝合金。客厅朝南，正中

朱子久故居

配置四扇落地长窗。室内分隔成多个房间，地面铺设地板，楼梯为方柱木构件双跑式，配以竖条式栏杆。二楼朝西挑出两个轻盈木制阳台，栏杆为木制长条形，因年代久远，两个阳台底部各矗立起两根方柱，擎托起二层阳台，具有稳定加固的作用。

朱子久故居东侧一排平房为厨房间、起居室。南面庭院树木已毁，主楼保存状况良好。

卫道观前里的大户人家：
沈惺叔宅

沈惺叔宅，建于民国时期，占地面积为1538平方米，主楼建筑面积为470平方米。

苏州平江历史街区内有一条支巷被称为卫道观前，因旧时巷内有卫道观而得名。位于该巷27号的楼房，曾是苏州沈惺叔的住宅。沈惺叔是民国士绅、保大钱庄老板。宅院建于民国时期，最初是刘氏家族的住宅，后来被出售给了沈惺叔。新中国成立后，沈惺叔宅先后被用作血防站和托儿所，如今则被改建为社区老年公寓。

沈辉（1890—1969），字惺叔，生于江苏苏州，是民国时期备受瞩目的富商。民国元年（1911），他在观前街创立了保大钱庄，随即担任商团公会会长等重要职务。新中国成立前，曾拥有苏州市区多处独具特色的民国建筑，遍布石路、观前街、东中市、西中市、贻德里等地。

沈惺叔宅是一幢混合结构的二层楼房，面阔四间，宅门呈“八”字形。朝东南向，嵌有两扇对开铁艺大门。穿过大门，进入宽敞庭院，院内架设有紫藤棚，藤蔓婆娑摇曳，四周种植各种花木，如玉兰、香樟、桂花、杜鹃等，花香四溢。庭院尽头为主楼，外墙采用磨光石饰面，檐下为齿形装饰，东西两间朝南的山尖上塑有扇形图案，西侧屋檐上矗立扁长方形烟道。

房屋平面呈“凸”字形，中间为凹进的廊道，廊前铺有五级台阶，两侧装饰花瓶柱栏杆，地面铺设彩色马赛克拼花。底层分隔成多个空间，包括客厅、休息室、楼梯间、卫生间和书房等功

紫藤棚通道

主楼

落地长窗

拱窗

客厅

能区。楼梯采用圆柱木构件，搭配中西式兼容的栏杆设计。底层中间为二开间客厅，正中装有四扇西式木格落地长窗，其中中间两扇长窗上方设有拱形玻璃窗。东西两侧为拱形半墙玻璃铁窗，窗框采用磨石子装饰，具有鲜明的民国时期建筑特色。

厅内铺设进口的六角形小块马赛克地砖，呈现精美的几何图案。大厅后置走廊。楼上为起居室，地面铺设进口木板。南北两侧阳台铺彩色水磨石地坪，阳台和晒台均配置花瓶柱栏杆。

沈惺叔宅北侧曾有一座花园，现已不存。主楼保存完好，外立面设计丰富，层次分明。

藏在百花深处的飞檐：
吴振声故居

吴振声故居，建于20世纪20年代初，现存一座中西合壁的二层民国别墅建筑，2004年被公布为苏州市文物保护单位。

在姑苏区西百花巷23号，从平平无奇的石库门进去，便是吴振声故居。入门后，你会发现此地别有洞天，其清水砖砌的外墙、飞檐的翘角尤为壮观。

20世纪20年代初，吴振声等人在景德路南端至西百花巷北端的区域购得一片十进房屋，在此兴建起两幢花园别墅。吴振声及其几位兄弟都是画家，吴氏兄弟亲自设计此别墅，并委托香山帮姚琴记营造厂进行建造，工程于民国十九年（1930）完工。如今南侧的西式平房已不存，北端西百花巷23号的别墅仍在。

吴振声与兄弟吴子深、吴秉彝及吴似兰，均是苏沪一带备受赞誉的画家。花园别墅建成后，这里便成为吴中文人雅士聚会和交流的场

吴振声故居

主楼

所。民国时期苏州著名的“娑罗画社”也在此成立。新中国成立后，吴振声故居曾被用作苏州中医院的宿舍。自 2017 年起，吴振声故居成为苏州丝绸服饰陈列馆，继续承载着历史文化的传承，展示精彩的丝绸工艺。

吴振声故居现存墙门间、主楼、附楼和庭院。

吴振声故居大门朝北，为一座面阔三间的墙门间，粉墙黛瓦，中间石库门框内嵌有对开黑漆木门，东西两侧为附房。入内是一个小巧的庭院。

主楼位于庭院南侧，是一座中西合璧二层的民国别墅建筑，顶层设阁楼，面阔三间。外墙为清水砖墙，采用一顺一丁砌筑法。屋顶采用飞檐中式大屋顶，屋脊巧妙地运用镂空设计；护墙板、天花板、门窗、石栏、外墙等处都装饰有各式中西风格的雕花、石刻和浮雕，展现出精湛的工艺。底层东部缩进为廊，廊后是客厅，其他区域分布有休息室和书房。底层西部外立面呈“八”

附楼

字形。室内配备双跑式木构件楼梯，楼上区域为阳台和卧室。内部设计充满智慧，采用了内缩式的阳台、上下推拉式的窗户，还配备了现代化的卫生设施、供暖系统、通风管道和预埋电路等，既方便又实用。而在材料选择上，木料、地砖、洁具等处处用心，精致至极，有的还是进口材料。吴振声故居除了在室内配备暖气管道，顶端隔层还建有水箱，可以通过深井抽水的方式为整座大楼供水。无论是内部还是外部，建筑都充分展现了设计者的智慧和建造者的用心，堪称当时苏州最具现代气息的别墅之一。

附楼位于庭院西北侧，外墙为水泥立面，朝东的观音兜墙上有“大吉羊”三字，屋面覆盖小青瓦，饰纹头脊。附楼底层缩进为廊。两楼之间以走道相连。

在庭院内，更是设计了罕见的网球场、回力球场，以及精心布置的假山池塘和各式花木，凸显了主人的品位和追求。

民国大律师的旧居：
宋铭勋旧宅

宋铭勋旧宅，建于民国时期，现占地面积为 620 平方米，建筑面积为 382 平方米。

十梓街，东至苏州大学老校门，西至人民路，是苏州一条具有悠久历史的街道，是许多近代名人故居所在地。其中，著名大律师宋铭勋的旧宅就位于十梓街 608 号，是一座造型别致的西式洋房。

宋铭勋（1881—1974），字绩成，江苏苏州人。他毕业于海红坊江苏法政专门学校，长期在苏沪两地从事律师业务。民国时期，他负责的“黄陆案”备受瞩目，胜诉后声名鹊起。2015 年央视纪录片《民国大律师》特设专题报道了他的生平事迹。宋铭勋旧宅如今是苏州市职工服务中心所在地。

宋铭勋旧宅是一座二层带阁楼的西式洋楼，采用砖木混合结构，房屋坐北朝南，平面呈现“凹”字形，外观简洁大方，融合了现代建筑的设计理念，同时运用中国传统的三间两厢式布局，将传统与现代元素相融合。外墙为铭文青砖，搭配红砖点缀，采用一顺一丁砌法，用水泥浆勾缝，质地坚固耐用。水泥圈梁，屋顶为歇山式，四坡落水，红瓦覆盖，设有老虎天窗。

二楼朝南的阳台采用券柱式结构，四根罗马廊柱排列整齐，形成三个大小相等的拱券。柱身为半圆形，与扁长的矮墙完美贴合，柱头装饰精美的涡卷花纹。拱券形制简洁，檐壁上雕刻有精致的花卉图案。阳台的栏杆设计为扁花瓶式。

宋铭勋旧宅

扁花瓶式栏杆

罗马柱

住宅内部装饰简洁，房间铺设地板，楼梯采用曲尺式木构件，天花板上装饰有简洁线脚，朴素而雅致。整体建筑既保留了传统特色，又融入了现代元素。

民国英式建筑风格代表：
尊德堂

尊德堂，又称严家淦旧居，建于民国时期，2014年被公布为苏州市控制保护建筑。

尊德堂，又称严家淦旧居，位于姑苏区中街路105号，地址现已纳入苏州创元科技创业园内，始建于民国时期，由严良肱所购。严家淦生于木渎的严家老宅羡园，四年级时，随家人搬至此宅，就读于私立桃坞中学小学部。

尊德堂

走廊

拱券

新中国成立后，该洋房被收归国有，作为苏州互感器厂使用。随后，被划归苏州电加工研究所。如今，主楼保存完好，被出租给企业作为办公场所。

尊德堂现存一幢二层砖混结构洋房，具有民国英式建筑风格。顶层带阁楼，坐北朝南。外墙采用灰色清水砖砌筑，用水泥浆勾缝。双坡屋顶，坡度平缓，铺盖红色平瓦，俗称“洋瓦”。整体建筑平面呈长方形，檐口和勒脚采用简约的线条装饰。朝南为正立面。屋基从地面抬高，设置坚固美观的花岗岩条石台阶。底层南面凹进设有转角走廊，走廊通向东面的一端，东侧另设有台阶。廊内地面铺设水泥磨光石子。两根砖砌廊柱将走廊分成三个砖砌拱券，两端拱券略小。两端拱券下部设水泥坐凳栏杆。

南立面正中间是四扇西式落地长窗，两侧各设四扇半墙短窗。外墙四面上下层均开设有窗户，光线充足。主楼内，底层铺设进口地砖，饰几何图形，色彩鲜艳。沿木构件楼梯拾级而上，可至二楼，楼上铺设实木地板。室内空间分区明确，包括起居室、书房、卧室、楼梯间和卫生间等。除起居室铺地砖外，其余房间均铺地板。东侧山墙的山尖上设有一个六角形的窗宕，便于采光通风。

车厢式联排别墅：
钱大钧故居

钱大钧故居，又称为钱氏别墅，建于 20 世纪 20 年代末。现为苏州市控制保护建筑。

钱大钧故居，坐落于姑苏区人民路平门桥西南堍，原门牌号为 680 号，如今已更改为 2211—2215 号。这座别墅建于 20 世纪 20年代末，是钱大钧在平门桥旁兴建的私人别墅，俗称“钱氏别墅”。

新中国成立后，钱大钧故居被收归国有，随后归属于铁道部苏州铁路中学。在 20 世纪 90 年代，这片区域开设了平门饭店等餐馆。自 2003 年后，钱大钧故居长期处于无人管理状态，建筑逐

正立面

渐破败。直到2007年，相关公司接手了这片地块，组织专业人员进行了彻底的勘查，于2011年对钱大均故居进行修缮。

钱大钧故居现存的主体建筑是一座二层砖混结构的海派联排别墅，坐北朝南。外墙采用青灰色方砖扁砌，屋顶铺盖小青瓦。其独特之处在于整体布局呈现出长条状，类似火车车厢的排列方式，三幢建筑前后相连，每幢面宽五间带二厢，中间设有天井。南北两端的山墙高出屋檐，线条柔和，营造出宁静和谐的氛围。

朝南正门前设置台阶，长方形门框内嵌有对开木门，东西两侧配有水泥仿石门柱，门框上方装饰希腊三角楣饰，内有花卉浮雕。这些建筑造型都带有典型的西洋建筑风格。东侧外墙紧靠人民路，外墙上间隔有序设置四座外挑式长方形阳台，配有花瓶柱栏杆。东面也开设有与南面正门相似构造的边门，窗户为木制百叶窗。

朝南第一进楼房，北楼和两侧厢楼的平面呈现出“凹”字形。北楼底层为落地玻璃长窗，楼上设置小型水泥外挑阳台，搭配花瓶柱水泥栏杆。两侧厢楼底层则配置精美的半窗。楼房中间有一

东立面

天井外挑阳台

边门

百叶窗

座典雅的小天井，天井铺地雕凿有“五蝠捧寿”图。楼房西面设置木构件楼梯，镶嵌铁艺栏杆。楼顶配置木构梁架和椽子。窗户是双层木格玻璃窗，外层配备了可调节光线明暗的百叶窗。窗户上的铜质插销增添了古色古香的氛围。第二进和第三进楼房的布局与第一进相同。

丽夕阁的“姐妹楼”：
张家瑞故居

张家瑞故居，建于民国二十一年（1932），为一座面积700平方米的假三层西式主楼，现为苏州市控制保护建筑。

在姑苏区民治路万寿宫南面，槐树巷与沈衙弄交界处的槐树巷5、6号，坐落着一幢建于民国时期的名人宅院，为张家瑞故居。这片区域原为何澄地产，民国十九年，何澄将此地出售给了张家瑞。民国二十一年，张家瑞在此兴建了一座与丽夕阁几乎相同的青砖西式楼房。1952年至今，该楼房作为民治路幼儿园使用。

张家瑞故居宅院面貌基本完好，主楼和庭院已归民治路幼儿园使用，附楼为张氏后人所居。张宅原有三处院门，分别是位于沈衙弄的南门（正门）、槐树巷的西门（石库门），以及当时的“皇宫前”（现为填河后的民治路）的北门。现今，这三座院门都已被封闭，在槐树巷另外开辟了一扇大门，门内是一个曲尺形的庭院。

主楼是一座占地700平方米的假三层西式洋房，坐北朝南，混砖结构。外墙采用青灰色砖沙包式扁砌，用水泥浆勾缝。双坡尖屋顶，两侧砖砌的长方形烟道高高耸起，气势威严。

大门朝南，面阔三间，底层凹进设廊，廊上排列四根砖砌方柱，廊前设置四级花岗岩台阶。正立面装饰有西洋风格的花卉图案和几何图形的精致浮雕，东西两侧山墙设窗，长方形窗框上方挑出窗檐，既美观又挡雨。底层正中为厅堂，东西两侧为起居室和卧室，均配有现代化卫生间，配备进口抽水马桶。阳台地面

正立面

回形木构件楼梯

走廊

附楼

铺砌小方块马赛克地砖，拼出各种多彩的几何图案。厅内装修精致，采用考究的回形木构件楼梯，配置雕花木构扶栏，大气美观。大厅地面铺设小方块彩色马赛克地砖，饰以各式图案。其余房间均铺设进口地板，质地坚固耐用，至今保持完好。每个楼层均泥墁饰顶，配备西式落地长窗，采光通风充足。

附楼位于北侧，是一座二层西式楼房，外观与主楼相似，两者相得益彰。主楼与附楼之间通过一条走廊相连，底下是狭长的天井。站在天井内仰望，可见附楼周围的铸铁雕花围栏。栏杆上架设着木构花窗，散发着古色古香的韵味。

如今的庭院依然郁郁葱葱，花木扶疏，其中蜡梅、香樟、雪松、桂树等繁茂生长，为庭院增添了生气。附楼旁散植着十余株瓜子黄杨，生机盎然。

张家瑞故居的建筑形式融合了中西文化元素，整体布局方正，建筑线条清晰，彰显着民国时期建筑的庄重与典雅。

民国日式风格建筑代表：
李仲公故居

李仲公故居，建成于民国三十六年（1947），2005 年被公布为苏州市控制保护建筑。

李仲公故居

李仲公故居坐落在姑苏区桃花坞的宝城桥弄 22 号，是一座具有日式风格的民国建筑。建成于民国三十六年，占地面积为 1300 平方米，建筑面积为 311.95 平方米。2013 年前后，李宅进行了全面整修。并由私人购入并使用。

李仲公故居大门朝南，围有青砖沙包式砌筑的围墙，入内的门楼连接着两侧的风雨连廊，连廊直通后院。进门处设有一堵照壁，照壁后是宽敞的苏式庭园，种植各式花卉及金桂、黄杨等树木，郁郁葱葱，给庭院增添了盎然生机。园内西侧有一眼水井，系黄石井栏，形制为常见的内圆外六角。东侧设有鱼池、湖石，以及亭台和水榭。

李仲公故居由主楼和附楼两幢平房组成，坐北朝南，主楼位于南

庭院

亭台

壁炉

侧，附楼在北侧。主楼的整体平面呈“S”形布局，采用“人”字形梁架结构，外墙采用奶黄色拉毛水泥饰面，硬山式屋顶，覆盖红平瓦。南面设有露台，地面铺设水泥花砖。中间门框上方装饰着西式铁艺壁灯。东西两侧为半墙铁艺短窗。室内铺设了进口地板。客厅内保留了昔日的壁炉，壁炉上装饰着铁质炉门，长条形木结构炉台适合放置茶杯等器皿。

室内空间划分明确，包括卧室、起居室、卫生间等，厕所、浴室等卫生设施一应俱全。天花板采用简洁线条装饰，门窗多采用钢窗玻璃，室内光线明亮。主楼后侧附楼是一排与主楼外观相同的平房。

经过整修的李仲公故居保存完好，建筑布局清爽舒适，是苏州近代日式风格建筑的典型代表。

颜料大王的旧宅：
东善长巷奚宅

东善长巷奚宅，建于民国八年（1919），2009年被公布为苏州市文物保护单位。

在姑苏区道前街南侧东善长巷11号，隐藏着一座具有百年历史的精致西式洋房。建于民国八年，由民国初期颜料行业大王奚萼铭所建。楼内保存着精美的拱券、进口的彩色地砖及考究的扶梯雕花等，即便在百年后的今天，也依然是十分新潮的。目前，此地已成为多户居民的住宅。

东立面

南立面

奚宅是一座二层混合结构的西式民国建筑，面阔三间，整体平面呈“凹”字形。外立面设计丰富多样，外墙采用青红砖扁砌，墙砖之间采用了勾角灰缝的复杂工艺，使得墙体层次丰富多彩。北立面为拱券式连廊，南立面呈六角形厢房。东面与北面的转角上，红砖扁砌形成凸起的立面装饰，富有立体感。每个立面都展现出不同的建筑肌理变化，透露着设计者的智慧和匠人精湛的工艺。

奚宅北立面采用券柱式组合，上下二层各设有七个砖砌拱券，拱券正中装饰砖砌拱心石。上层砖砌立柱承拱券。底层凹进设为廊，廊上排列四根混合式罗马柱承拱券。这些罗马柱在柱头、柱身和柱脚上融合了爱奥尼式和科林斯式的元素，装饰多样，极为罕见。走廊地面饰以彩色进口方砖，蓝灰相间拼成精美的花式图案，

混合罗马柱

“福”字围墙

中式短窗

方砖贴合工整，无缝连接，色彩持久不褪。

南立面东西两侧各设有六角形厢楼，以中间为天井围成的三合院式，具有传统香山帮建筑风格，西式的围墙上部雕刻“福”字，为建筑增添了独特的文化氛围。八角式门洞上方嵌有门额，上书“学圃”二字，并装饰有精美的花卉图案。楼内配有木构件楼梯，扶手栏杆上雕刻精致图案。楼上朝南设有十扇半墙中式短窗，散发着古色古香的韵味。

奚宅东侧原是洋房的附属花园，如今成为一个开放式小公园，作为共享空间景观。公园内种植了各式花木，尤其在玉兰花盛开的季节，美不胜收。这个花园与洋楼相辅相成，为整体建筑环境增添了一份自然与生机。

东善长巷奚宅处在闹市中，藏在深巷里，巧妙地融合了中西合璧的多种建筑形式，独特的设计和别具匠心的构造彰显着它的与众不同，是苏州民国建筑的文化瑰宝。

北码头的标志性建筑：
王怀玉故居

王怀玉故居，建于民国二十年（1931），由湖北瓷器商人所建。

民国时期，苏州的北码头片区曾是繁华的商贸中心，尤以木材和瓷器贸易而闻名，遍及苏浙沪地区。在古代以水运为主的交通运输背景下，这里曾是极具影响力的贸易聚集地。

码头上的建筑大多属于民国风格，主要居住者为工商业主、医生等中产阶级人士。其中，北码头26号洋房建于民国二十年，由湖北瓷器大户王怀玉所建造。现占地面积为382平方米，建筑面积为252.69平方米。2015年，洋房经过全面修缮，改造成咖啡书吧使用。

王怀玉故居现存一座二层混合结构的西式洋房，与南面连接的两间平房为新建。故居院墙大门朝西，石库门框内嵌有两扇对开暗红木门，门头上装饰希腊三角形花式门楣，中间堆塑花卉图案，两边为齿形装饰，南北两侧方柱顶端塑有宝葫芦。入门南面为庭园，北面是一座民国洋楼。洋楼为传统三间两厢式结构，平面呈“凹”字形。外墙采用青砖砌筑，用水泥浆勾缝，屋顶覆盖青平瓦，双坡屋面，开设老虎天窗，屋顶西侧有扁长形烟囱。底部用花岗岩勒脚。

洋楼朝南设有石库门，石库门内，以花岗岩铺设的天井中心，围绕厅堂和两侧厢房。天井北面为厅堂，朝南设置有海棠菱角式落地长窗，两侧是两扇海棠菱角式半墙短窗。东西两侧的厢房各

西立面

庭院

朝南石库门

一枝香鹤颈轩

设有六扇海棠菱角式半墙短窗。

厅堂南面一界为一枝香鹤颈轩。楼下为扁作梁架，地面铺设方砖，两侧的书房和休息室铺设地板。厅堂北面由屏门隔断，屏门后置楼梯间，中间设置方柱直跑式木构件楼梯，楼上主要是楼厅、卧室和阳台。楼厅南面装有九扇海棠菱角式裙板短窗，东西两侧厢房分别配备六扇海棠菱角式裙板短窗。楼上采用圆作梁架，泥墁饰顶。东西山墙各设一个圆形窗宕，便于通风换气。楼上朝西为两个外挑型水泥阳台，配以水泥菱形柱栏杆。

王怀玉故居外观洋气十足，内部则明显体现了中式布局，同时运用了中式的清水方砖，形成独特的中西合璧风格。既展现现代氛围，又保留传统文化韵味的设计风格，使之成为阊门北码头民国风情街的标志性建筑之一。

近代知名帽商的居所：
马倬云故居

马倬云故居，建于20世纪20年代，是一座具有现代主义风格的西式建筑。

苏州城北有一条历史悠久的低调小巷，名为祥符寺巷，巷内曾经聚集了寺庙、道观和轩辕宫等古建筑，民国时期许多各界杰出人士也曾在此居住。近代有名的制帽商马倬云的洋房就坐落在这条巷子的53号。楼房建于20世纪20年代，这里原是苏州耀华厂的房产，马倬云购入后，把原有的一进平房拆除，并聘请专业的西式住宅设计师进行重新设计，由建筑工程队建造，在原址

花岗岩石库门

几何图案水泥窗框

主楼

上建起洋房。新中国成立后，马宅收归国有，现为多户人家居住的普通住宅。

马倬云是一位制帽商，早年在上海创办了一家名为“马天一”的帽店。为了扩大业务，他在苏州繁华地段观前街开设了马天一帽庄，以经营国货而声名远扬。

马倬云故居是一座气派的二层西式洋房，坐北朝南。外墙采用青砖砌筑，用水泥浆勾缝。花岗岩条石门框内嵌有对开黑漆木门，门头装饰充满现代主义风格。东西两侧设木格玻璃窗，窗框凸起并饰以圆形和菱形间隔的几何图案，增添了建筑的精致气息。

这座洋房分为主楼和附楼，主楼位于南面，附楼设在北面，两楼之间以天桥相通，底层为天井，天桥采用水泥结构，外形如空中走廊，两侧配有花瓶柱栏杆。天井面积相对较小，墙角处设有一眼水井，井栏材质为黄石，形制为常见的内圆外六角。

主楼坐北朝南，面阔三间。楼上朝南为通长走廊，走廊栏杆

落地长窗

装饰有凸起的圆圈等几何图案。东南角设有方形晒台。底层正中朝南设置有四根磨光石子方柱，间隔有序，贯通一层及二层阳台。

一楼走廊入内为客厅。地面铺设坚固耐磨的地砖，颜色丰富多样，有红、黄、黑等，色泽至今保持鲜艳。客厅朝南，正中间装有六扇落地玻璃木格长窗，两侧各设四扇玻璃半窗。长窗和半窗的水泥边框都装饰有精美的几何图案。落地长窗的下部装饰有裙板，上部镶嵌小方格彩色波纹玻璃，错落有致。木格的造型包括方形和菱形等，颜色有翠绿、橘黄、暗红等，至今鲜艳夺目。这些与传统老宅不同的门窗，展现出鲜明的西式建筑风格。厅堂北面设置六扇白善屏门隔断。方柱木构件楼梯，配置长条式雕花栏杆。整幢楼房泥墁饰顶，四周勾勒出多层次的线条，显得柔和而精致。

客厅

现代简洁的混合建筑：
顾祝同故居

顾祝同故居，建于民国时期，原为邹氏住宅，民国三十六年（1947）由顾祝同购入，现为苏州市控制保护建筑。

在姑苏区东大街中段的新桥巷 26 号院内有一所住宅，是顾祝同故居。这座房屋建于民国时期，最初为松江人邹敦公所有。民国三十六年，顾祝同购入此处房产。

顾祝同故居

窗户

楼梯

顾祝同故居现存一座二层混合式建筑，为花园别墅，外观简洁现代。顶层带阁楼，面阔四间，外墙采用青砖沙包式砌筑，外墙的门窗细节讲究，窗框内嵌有木制窗套，窗框下部采用巧妙的弧形设计，防止雨水堆积。屋顶覆盖青平瓦，四坡落水，开设有老虎天窗。房屋二楼南向正中设有阳台，配置混凝土花瓶柱栏杆。东面墙上还装饰有一个八卦图案。

住宅整体平面为传统的三间两厢式布局，室内铺设蓝灰菱形图案相间的英国进口地砖，兼具古典与现代气息。底层凹进为廊，廊前配置花岗岩台阶。入内为大厅，两侧分别设有书房和休息室。原始的壁炉和烟囱痕迹尚存，透露出岁月的印记。天花板上装饰简洁石膏线脚。楼梯间位于大厅北侧，楼梯陡峭，为方柱三跑式木构件，搭配长条木栏杆。楼上主要为卧室和阳台。

顾祝同故居南面原有宽敞庭院，现已废弃，楼前尚留存有广玉兰树、石榴树等树木，当初花园中的湖石假山及石笋仍有部分保留。

气派非凡的“大园里”：
谢氏别墅

谢氏别墅，又称谢家花园。始建于民国二十五年（1936），民国二十七年落成，1991年被公布为苏州市文物保护单位。

苏州古城内的阊门饭店内有着几幢民国时期独具特色的建筑，保存都较为完好。其中，阊门饭店内的1号楼，体量较大，也最为豪华，为时任上海瑞记洋行总账房谢莘茹的别墅。谢氏别墅又称“谢家花园”，因其气派非凡，俗称“大园里”。

谢氏别墅的建造始于民国二十五年，历时两年，于民国二十七年竣工。这座楼在1945年曾进行过一次修复。20世纪50年代，该别墅由市卫生局购得，归市妇幼保健站使用，后来，先后归为阊门饭店和苏州胜利科技有限公司使用，自2011年以来，归属于北京九台集团。

谢氏别墅主楼为一座假三层砖木混合结构的西式建筑，呈现出典型的西班牙风格。建筑坐北朝南，顶层设有阁楼，外立面设计以平直

谢氏别墅

老虎天窗

线条为主，简洁美观。外墙运用粉色瓷砖贴面和汰石子两种材料，形成鲜明的颜色和质感对比。双坡式屋顶坡度较大，覆盖绿色琉璃瓦，辟有老虎天窗。外墙开设彩色玻璃窗。

正门朝东，门前配有宽敞停车台。底层南面设廊，廊前矗立着两根粗壮的罗马柱，走廊上悬挂三个西式铁艺吊灯。入内为客厅，通间装饰着拱形落地长窗，内嵌彩色玻璃，绚丽而典雅。室内装修别致，分别设有门厅、客厅、书房、卧室和卫生间等功能区域，配置西式弹簧门，配有木构件转角楼梯，上下楼层布

拱门

局相似。

主楼西北面是一座二层西式楼房，外墙采用汰石子饰面，楼上配有宽敞的平顶晒台。主楼西南面是一座西式平房，外墙采用沙包式砌筑，双坡式屋顶，铺盖绿色琉璃瓦。

谢氏别墅整体建筑均采用木制窗棂，嵌以彩色玻璃，颜色复古别致，绿、黄、蓝相间，与屋顶上的绿色琉璃瓦相得益彰。门窗的形制因面积大小而各异，有方形、长方形、拱形等多种设计，为别墅增添了独特的建筑风貌。

主楼南侧是宽阔的庭园，四周铺设小径，各式花木点缀其间，最为显眼的是四棵高大葱郁的雪松，庭园周边环绕着中式青砖围墙，饰以精致的鱼鳞纹花窗，与西式洋房相映成趣。综观整幢谢氏别墅，气宇轩昂，十分气派，保存较为完好，是苏州近代建筑的典范。

人民桥

第七章　水利桥梁及其他

民国建筑的种类多种多样，各种类别的民国建筑是苏州建筑发展中不可或缺的一页，它作为苏州历史变迁的见证之一，真实地记录着苏州城市发展变化的点点滴滴。

水利建筑艺术品：
白茆闸遗址

白茆闸，修建于民国二十五年（1936），2009年被公布为常熟市文物保护单位，2010年被选为苏州市第三次全国文物普查十大新发现之一。

常熟地处长江和太湖下游，地势平坦，水域众多。自宋代起，这里就开始兴建水利堤防工程，水利闸站的建设在区域水利、航运、排涝泄洪、引水灌溉等方面发挥着至关重要的作用。

在碧溪街道东张三江村白茆塘上，保存着一处重要的水利遗址——白茆闸遗址。这是当时江南地区规模较大的水利工程之一，建于民国二十五年（1936），由扬子水利委员会负责承建。白茆闸遗址也是首批被评定为省级水利遗产的遗址之一。

正立面

白茆闸遗址

1975 年，白茆闸经历了一次大修。2001 年，老白茆闸报废停用。2003 年，新白茆闸建成并投入使用。2009 年，建立老白茆闸遗址公园，并设立水情教育基地。2023 年，白茆闸遗址进行了全面修缮工程，焕然一新。

白茆闸遗址现存一座五孔钢筋混凝土结构闸桥，南北走向，宽 43 米，高约 30 米。闸门采用升卧式木板设计，并由手摇启闭机控制启闭过程。整体构造上，引入了当时欧美先进的建造技术，然而在建筑风格和装饰手法上则深受中国传统文化影响。闸身雄伟高大，通体涂白，六根闸柱间隔有序，庄重挺拔，呈现出牌坊式的建筑风格。横梁雕刻精细云纹，柱头呈斗拱状，具有浓厚的民族特色，气势雄伟壮丽。正面闸身上方镌刻着醒目的“白茆闸”字样。

白茆闸遗址的整体设计融合了中西文化元素，具有独特的艺术价值，不仅在近现代水利建筑中具有重要地位，还是常熟市境内唯一保存完好的近代水利工程建筑，是近年来常熟水利事业发展的重要历史见证，具有不可估量的历史和文化价值。

原木百年廊桥：
木渎廊桥

木渎廊桥，又名河桥、南街廊桥，始建于民国初期，20世纪40年代后经历多次修葺，但廊桥样貌始终保持不变，2019年被公布为苏州市文物保护单位。

江南地区雨水充沛，河流众多，桥梁种类繁多，其中廊桥是一种既可供行人通行，又能遮蔽风雨的独特桥梁形式。然而，在集镇中，能够见到的廊桥并不多。木渎廊桥是木渎镇上唯一的百年原木廊桥，建于民国初期，横跨在木渎镇南街市河上。

木渎廊桥全长5.5米，宽2.4米，高2.26米。整座廊桥均采用木结构，包括桥梁、桥身、桥栏和桥廊，彰显着古老的建筑工艺。桥身由四根木梁纵向横跨在河道两侧的驳岸上，梁上铺设横向间隙木条，两侧配有木制长条栏杆。在较小的缝隙中，隐约可见廊下的涓涓细流。桥顶覆盖着黛瓦屋檐，古色古香，两侧矗立着木桩。站在桥上驻足远眺，有一种古朴幽静的美感。

木渎廊桥

木渎廊桥与其他桥梁有着显著的不同之处。首先，它的地理位置独特，东端不与道路相连，无法通行。西端需要从南街入口穿越一条由民居对峙形成的狭窄廊屋，才能抵达廊桥。因此，该廊桥并非交通通道，而是一座纯粹的景观桥。

其次，木渎廊桥采用独特的材质。一般的廊桥通常由石头构成，桥面呈弧度拱起。而木渎廊桥为木构平桥，除了屋檐覆盖着黛瓦和望砖，其他部分均采用木质结构，展现了独特的建筑风格。

最后，廊桥的形制典雅秀丽。桥的南北两侧各设有三根间隔有序的廊柱，将桥身分隔为四个空间。廊柱之间设置通透的栅栏式桥栏，上下两层，比例匀称，造型美观典雅。

木渎廊桥，作为木渎最具特色的建筑之一，与周围粉墙黛瓦的老宅建筑融为一体，相得益彰。

民国时期苏州的会议中心：
中山堂

中山堂，全称为中山纪念堂，民国二十二年（1933）建成，2014 年被公布为苏州市文物保护单位。

中山堂，全称为中山纪念堂，坐落于观前街玄妙观三清殿北侧，原址曾是不幸在一场大火中被烧毁的弥罗宝阁。民国二十年，当地士绅发起倡议，向社会各界募资兴建中山堂，以纪念孙中山先生。堂址选在弥罗宝阁原址，建筑于民国二十二年竣工。中山堂成为当时吴县社会活动的中心，承载着各种重要的文化和社交

铁艺大门

中山堂

活动。新中国成立后，中山堂曾被改建为工人俱乐部、电影公司和电影院。2005 年，中山堂经过全面修缮，如今由苏州市滑稽戏剧团使用，为市民提供精彩的戏剧演出和文化体验。

中山堂坐北朝南，围墙采用清水砖扁砌，中间装置一扇精致的雕花铁艺门。入门是宽敞的广场，种植有棕榈树、桂花树、剑兰等各式花木。

主体建筑位于广场北面，是一座肃穆而庄严的二层砖混结构西式楼房。外墙采用清水砖沙包式扁砌，屋顶为歇山式，四坡落水，由青平瓦覆盖。建筑南面正中延伸出一个宽敞平台，整个立面呈“十”字形。平台外侧铺设花岗岩台阶，上方搭建有外挑

西立面

楼梯

阳台，由底层的两根罗马柱承托。柱身下粗上细，表面排列通长沟槽，柱顶呈现向下涡卷的优雅造型，为爱奥尼式风格。朝南阳台上装饰混凝土圆孔造型栏杆。朝北阳台围有欧式花瓶柱栏杆。

主楼外墙上凸起的水泥门窗框坚固耐用。南立面设有对开木门。东西两侧对称设置了上下各四扇竖式木窗。底层为大礼堂，礼堂两侧设有小房间，用作管理员办公室。楼梯间配备了方柱铁艺栏杆楼梯，既实用又美观。楼上中部设有会议室，右侧为阅报室，左侧为区公所，为各种活动提供了便利的场所。主楼东西两侧各有一排平房作为附房。

中山堂是一处保存相对完整的民国建筑，见证了苏州近代的政治、社会和文化变革。

民国时期太仓城西的地标：伯埙桥

伯埙桥，也称仁寿桥、人民桥，建于民国二十三年（1934），由当地人王伯埙捐资建造。

太仓市城厢镇西郊吴塘河上，矗立着一座独特的桥梁，名曰伯埙桥，是昆山与太仓两地的重要界桥。这座桥梁最初采用竹木结构，当时被称为“仁寿桥”，取“仁者有寿”之意。然而，随着时间的推移，桥梁年久失修，最终垮塌残破。为了方便人们往来，民国二十三年，太仓西郊的王伯埙慷慨出资，兴建了一座新的石桥。为了纪念王伯埙的善举，乡亲们将桥名由“仁寿桥”改为“伯埙桥”，并在桥边的亭柱上刻下：“王伯埙义士善举，民国二十三年春。”

伯埙桥采用坚固的钢筋水泥结构，桥底设有两排桥桩承重，每排桥桩由四根方柱连接组成，桥身开有三个孔洞，可通小船。东西两侧各设三十六级台阶，中间铺设两条

伯埙桥

桥桩

坡道，方便行人推车上下。伯填桥与众不同之处在于，正中央筑有一座八角攒尖顶的桥亭，可供行人休憩。桥亭南北两侧各设有拱券，造型独特。整座桥既兼具东方传统的特色，又展现了西方建筑的精湛技艺。

亭柱

桥亭内保存着民国时期著名书法家谭泽闿先生所书《新建西门外伯埙桥》碑，年代久远，字迹已经模糊不清。桥亭的四根柱子上分别刻有精致的楹联。桥身南北两侧设有结实的护栏，护栏一直延伸至桥堍，并设置有八根高大的望柱，高出栏板，展现出极为雄伟壮观的气势。

伯埙桥的整体设计线条流畅，造型独特，不仅在实际使用中表现出色，还在建筑造型方面独具特色，曾一度成为西郊的地标，见证了太仓市城厢镇近代历史的变迁，是重要的历史遗迹。

苏州公园仅存的民国记忆：民德亭

民德亭，建于民国十九年（1930），建筑面积为83.22平方米，亭名取自《论语》“慎终归远，民德归厚”，2008年被公布为苏州市控制保护建筑。

民德亭位于古城中心，民治路26号的苏州公园内，建于民国十九年，建造资金由寓苏的海宁人孙铁舟（曾任招商局总办）募得。他向钱大钧、夏斗寅筹集了两千元，取“慎终追远，民德归厚矣”之意，将亭命名为民德亭。亭匾上的题字由士绅张一麐所书，落款为“民佣”。

民德亭

西立面

建立民德亭的初衷源于园内疏池理水的需求。园内建造景点时，挖掘了两个葫芦形的池塘，池塘北侧的土堆形成了一座隆起的山坡。为解决坡上无景的遗憾，当地市民建议在山坡顶建造一座亭子。

民德亭平面呈方形，具有典型的民国建筑风格，是一座敞开式的小型园林建筑。作为公园的配景，民德亭不仅丰富了园内的空间布局，还提供了赏景览胜等多种功能，构成园内一道独特的风景线。

民德亭采用四面厅制式的布局，屋顶为歇山式，上面覆盖洋瓦。檐下悬挂万川挂落，增添了古典气息。外墙采用青砖扁砌，用水泥浆勾缝，线条简洁美观。亭的四周设围廊，方形水泥廊柱之间连缀半墙，供游人坐憩。整座亭子的地面铺砌着磨光石子，白绿相间。亭的南北两面各设有四扇中式落地长窗，东西两面则嵌有两扇八角形的木格玻璃花窗，这种坚固透明的玻璃是当时进口的原物。

民德亭融合了中西方建筑风格，保存完好。时过境迁，民德亭是苏州公园内唯一保留下来的民国时期建筑。如今，它已经成为园内的标志性建筑之一。

盛泽绸业的见证：
培元公所卅周年纪念井

培元公所卅周年纪念井，当地俗称“洋井”，建于民国十五年（1926），2012 年被公布为吴江市文物保护单位，2014 年被公布为苏州市控制保护建筑。

培元公所卅周年纪念井，坐落于吴江区盛泽镇牧童湾。昔日的吴江盛泽因丝绸业的迅速发展而带动了各行各业的繁荣。镇区不断向南扩展，街道上商铺林立，市面繁荣，居民住宅连绵。然而，由于新区离河道较远，居民用水极为不便。更甚者，若遭遇火灾，周围商铺必然遭受重大损失。

培元公所卅周年纪念井

立体三角形柱头

民国十五年，为盛泽绸业公所新所址——培元公所建成 30 周年，经董事商议后，该所决定出资兴建自流井，为远离河桥的居民提供免费的饮用水。经过精密勘探，井址确定在花园街底的牧童湾，并于同年秋天建成，得名“培元公所卅周年纪念井”。井水质清冽，取自地下深层水源，可直接饮用，冬暖夏凉。培元公所义井的建立成为盛泽人的骄傲，是当时一项先进的自流井工程，俗称“洋井”，在江南水乡远负盛名。

培元公所义井规模宏大，设施先进。井口为一座混凝土浇筑的方形水箱，高 2.13 米，长 5.29 米，宽 4.82 米。井的西北两侧砌有喷砂围墙，采用当时流行的海派风格。围墙两侧设有高大的西式门楼，内嵌两扇对开的西式花纹铸铁大门，气势非凡。围墙上间隔有序地嵌有方柱，柱头四面装饰立体三角形，简洁大气。在井的西北墙角下，镶嵌着一块花岗岩界碑，上面刻有“培元公所卅周年纪念井”字样，由民国时期著名书法家唐驼题写，用料考究。碑文至今保存完好，字迹清晰可见。

随着盛泽全镇自来水管普及，义井便逐渐停止使用。尽管失去了往日的辉煌，它仍然在老一辈人心中留下深刻的记忆。培元公所义井为当年的百姓生活提供了便利，彰显了早期工商业界人士关心民生、回馈社会的义举。

盛泽丝绸贸易的历史见证：
盛泽济东会馆

盛泽济东会馆，始建于清嘉庆十年（1805），民国十二年（1923）重修，占地面积为 329.26 平方米，1986 年被公布为苏州市文物保护单位。

盛泽的丝绸产业拥有悠久的历史，可追溯至唐代，当时所制造的吴绫丝绸享誉天下，成为贡品。在明清时期，这一产业迅速繁荣发展，吸引了全国各地的绸商汇聚于此，盛泽因此成了极为重要的工商业城镇。为了维护各自的经济利益，许多外地绸商纷纷在盛泽建立了会馆，以促进同乡和同行业之间的联系、交流，以及便于进行商贸活动。这使得盛泽成为会馆云集的独特地方。

大门临河

济东会馆坐落于吴江区盛泽镇斜桥河北岸，始建于清嘉庆十年，由山东济南府商人组织筹建。后济东会馆因战乱遭受重创。为恢复原貌，民国十二年对其进行了重大修复。随后，又因多次战争的摧残，济东会馆多年来逐渐陷入了破旧状态。1996 年，震泽镇政府再次对其进行全面修缮。1986 年，济东会馆被公布为吴江县文物保护单位。如今，经过修缮，济东会馆作为盛泽图书馆对外开放。

济东会馆坐北朝南，现存一座三进三开间房屋，包括墙门间、前厅和正厅。均采用硬山式顶，覆盖小青瓦。

第一进为墙门间，大门临河，两侧戗角飞翘，东西两侧为观音兜山墙。门前设立四根整齐排列的石柱，每根柱顶都雕刻着栩栩如生的石狮，增添了庄严的氛围。粉墙黛瓦的墙门中间设有一座砖雕门楼，门楼内嵌两扇对开木门，两侧为清水砖柱，上枋门额刻字，题为“济东会馆”。走进内部，方砖铺地，北侧设有十扇落地长窗。

第二进是前厅，布置简洁，顶部装饰纹头脊，南北两侧均各有二十二扇镂空落地长窗整齐排列。扁作梁架，梁上雕刻多种精

前厅

正厅

美花纹图案。地面铺设方砖。目前，前厅被用作阅览室。

穿过前厅，是一个宽敞的天井，其中心曾搭建有戏台，现仍保留着戏台的基座，东西两侧分别设有一扇门，门上配有门额，东侧门的门额上刻有“瀛洲”二字，而西侧门的门额上题有“阆苑”二字。西侧廊墙上嵌有一块民国十三年的《重修济东会馆记》石碑，详细记录了会馆的修缮过程。东西两侧以回廊相连通。

第三进为正厅，装饰华丽，顶部饰哺鸡脊，东西两侧设有观音兜山墙。四根石础大柱间嵌有十四扇精美的落地长窗，裙板上雕刻别致，饰以各式花卉图案。厅内梁枋上雕刻精致龙凤、仙鹤及花卉等多种图案，并施以彩绘，柱头雀替上透雕着生动有趣的人物故事图案。此外，前檐斗拱上刻有游龙飞凤穿梭在流云之中的图案，栩栩如生。

济东会馆是盛泽镇的重要丝绸遗址，承载着当地丝绸生产和贸易的丰富记忆，同时也为后人了解盛泽丝绸产业的兴衰历程提供了宝贵的历史资料。

全国第一个乡村改进试验区：
徐公桥乡村改进试验区旧址

徐公桥乡村改进试验区旧址，建于民国十七年（1928），1991 年被公布为昆山市文物保护单位，2019 年被公布为江苏省文物保护单位。

徐公桥乡村改进试验区旧址位于昆山市花桥经济开发区徐公桥小学内。20 世纪二三十年代，中国农村掀起了一场盛大的乡村建设运动，旨在改善乡村生活、振兴农村经济。在这一背景下，徐公桥乡村改进试验区应运而生，由中华职业教育社发起建立。该社于民国六年（1917）在上海成立，由黄炎培、蔡元培、梁启超、张謇、宋汉章等人共同创办。

民国十五年，中华职业教育社、中华平民教育促进会总会和国立东南大学农科等组织共同创立了“联合改进农村生活董事会”，黄炎培担任董事长，旨在推动“划区农村改进工作”，首选徐公桥作为乡村改进试验区。

民国十七年，黄炎培领导中华职教社在花桥创建了徐公桥乡村改进试验区，以“富教合一”为理念，进行经济、教育和社会方面的改革，旨在推动乡村改革。这一改革显著提升和改善了乡村农民的生活水平、整体素质及乡村面貌。徐公桥乡村改进试验区成为中国近现代农村和教育改革的领先典范，为乡村教育和改革树立了楷模。

现今徐公桥乡村改进试验区的主要遗址是大年堂，校舍由民国时期的乡人四兄弟黄氏肇忠、肇基、肇明、肇德共同出资建造，以纪念其先父——纺织实业家黄大年先生，故名“大年堂”，于

南立面

大

西立面

1949 年落成。

大年堂坐北朝南，为一座二层砖木结构建筑，占地面积为 351.68 平方米，建筑面积为 513.87 平方米，宽 28.3 米，进深 11.5 米。外墙采用清水红砖扁砌，屋面覆盖红瓦，歇山式，四坡，整体平面呈“凸”字形。朝南中间设有四扇暗红色落地长窗，正上方门额上书正楷“大年堂”字样，为中国书画家、鉴赏家吴湖帆所书。西侧门框下方嵌有唐文治所题写的“大年堂奠基纪念”石碑，碑文记录了有关捐建人的信息等内容。东西两侧是二层楼房，中央是一层的中空大厅，北面则设有讲习台。东西两侧设有木制扶梯，连接上下层。大年堂前有一个宽敞的广场，四周点缀着各种花木，呈现出错落有致的景致。

大年堂的旁边曾是无逸堂，两堂以廊相连。无逸堂建于民国十七年，当时用作徐公桥乡村改进会的民众大礼堂，同时也是该会的办公场所。1982 年，无逸堂拆除。

北立面

室内展厅

楼梯

大年堂是昆山市一座独具特色的中西合璧建筑，作为徐公桥乡村改进试验区的旧址，有着极其重要的历史价值。现作为新时代文明实践基地使用，内设有三个展馆：黄炎培与徐公桥乡村改进试验区纪念馆、民族大团结纪念馆和徐公桥小学校史馆。这些展馆不仅提供了丰富多彩的德育主题体验活动和社会实践活动，同时加强了对青少年的德育培养，具有重要意义。

两启两闭的中西合璧式城门：金门

金门，始建于民国十一年（1922），重建于民国十八年（1929），2002 年被公布为苏州市文物保护建筑。

苏州的城门中，金门是苏州最为年轻的一座，位于古城以西，阊门以南。在民国时期，为加强观前街与阊门商业区的联系，于民国十年（1921）在阊门南侧的护城河上修建了南新桥，桥东辟新城门，次年，金门正式开放。

民国十二年，江浙地区爆发军阀战争，给苏州造成了严重的影响。当地士绅因此认为金门的开放对古城的风水有不利影响，遂决定关闭该城门，并在南侧 60 米处建了新阊门。由于新阊门交通使用不便，进城出城时护城河上没有桥梁可通行。民国十八年，决定动工重新开辟金门。民国二十年完工并再次开放，为现在的金门。城门上端曾刻有“金门”二字，为时任吴县县长王引才所写。1966 年被凿毁。

金门的命名源于其地理位置和文化传承。由于金门和阊门均位于城西，而在五行中，西方属于金。此外，阊门外原有金阊关、金阊亭等建筑，因此在阊门附近的城门选取了“金门”这一寓意丰富的名称。

现在的金门是一座中西合璧的城门，是罗马式的建筑风格。以主拱门和两侧副拱门并列而成。中间的大拱门跨度 7.3 米，为机动车通道。两侧小拱门各宽 2.5 米，为人行通道。金门以花岗岩结构为基础，墙体采用清水砖砌筑，从下至上略微收缩，一侧一

金门

顶部装饰

人行走道

丁式叠砌。底部墙体为凿细花岗岩条石包砌勒脚。城门顶部装饰雉堞，与苏州其他古城墙风格截然不同，呈现出仿欧洲古城堡的独特风采。

金门是苏州独一无二的中西合璧式近代城门，是近现代城市建筑的杰出代表。不仅满足了古城的交通需求，同时也是苏州近现代城市发展历程中的重要见证。

老宅活化利用的优秀典范：
曹沧洲祠

曹沧洲祠，建于民国时期，现祠堂占地面积为420平方米，建筑面积为337平方米，2002年被公布为苏州市控制保护建筑。

曹沧洲在清末民初时期名声显赫，以其高超的医术和宽厚的仁爱心怀而广受赞誉。他常常无偿为贫困人群提供医疗服务，慷慨施与药物，这使得他的诊所每天都座无虚席。

曹沧洲祠位于古城内养育巷南端的瓣莲巷4号，建于民国时期，为纪念名医曹沧洲而建立。20世纪50年代，曹沧洲祠相继为幼儿园、工厂等单位使用。2002年，曹沧洲祠进行了一次修缮。

门厅

2008 年，在前期修复工程的基础上，街道对其进行了二期修复。修葺后的曹沧洲祠，成为道前社区办公所址，同时也是社区居民的活动中心。2020 年，曹沧洲祠作为姑苏区名人故居活化利用的首批试点，经历了全面修缮。

曹沧洲祠现存两进，坐北朝南，采用砖木立贴式结构。第一进为三开间门厅，面阔 11 米，进深 7.2 米。屋面覆盖小青瓦，为硬山式哺鸡脊。祠堂门厅朝南的大门是一座精美的砖雕门楼。门楼采用金山石门框，内嵌对开红漆木门。屋脊为云纹脊，脊间雕刻有麒麟、卷草等精致图案。中枋题字，正中刻有“俭以养德”字样。东西两侧兜肚饰有花卉图案，墙上装置书条式短窗。

北面同样矗立着一座砖雕门楼，与南面的门楼相得益彰。屋脊为鱼龙吻。整座门楼的砖雕立面分为上下四层，层次分明。第一层为檐拱，以浅雕花纹图案点缀。第二层为上枋，方框内浮雕花卉，框间装饰蝙蝠，寓意为“抬头有福”，枋间雕饰挂落，两侧悬挂垂莲柱。第三层为中枋，两侧兜肚刻有“喜鹊登梅”，寓意为“喜上眉梢”，中枋题额“厚德载福”四个篆字。第四层为下枋，浅雕花纹图案。

天井

“厚德载福”砖雕门楼

享堂

穿过砖雕门楼，为天井，地面铺设花岗岩石板。天井东面设有方形半亭，两脊戗角飞翘，左右相对，檐下设连缀挂落。北面是第二进的享堂，为硬山式鱼龙吻脊，面阔三间 11 米，进深 17 米，中间匾额上书“心济苍生”。墙上配置六扇落地长窗和十二扇半墙短窗，均为海棠菱角式。进入其中，享堂地面金砖铺地，双桁圆作船篷轩，南面走廊设吴王靠。

从享堂东侧门进入，是另一座小庭院。庭院内翠竹、绿萝等花木扶疏，卵石小径蜿蜒而过，两侧点缀湖石。庭院北侧，毗邻享堂西面，矗立着一座二层楼的东厢房，采用硬山式纹头脊，底层地面铺设金砖、海棠菱角式落地长窗，木制楼梯通向楼上。楼上设有海棠菱角式半窗，古朴典雅。

经过修缮的曹沧洲祠，充分结合其文化底蕴，引入苏州医药老字号雷允上，在发扬吴门医派精神的同时，打造成集坐堂问诊、非遗体验、医理展示于一体的中医主题文化馆。

落地长窗

福

图 说

记录的是在苏州民国建筑中，普通百姓日常生活的点滴。每一处建筑，有过繁华，有过萧条，也有再次被赋予生命。它们见证了历史，演绎着不同的人间烟火。

摄影家以相机为笔，记录下那些难忘的瞬间。回首这些作品，想起一些人，记起一些事，等于又经历了一次美丽。让我们能够深刻感受到历史的厚重，以及那些被岁月温柔包裹的美好瞬间。

勤慎

通行证将开始办理
成长

39

主要参考文献

《营造法原》，姚承祖原著，张志刚增编，刘敦桢校阅，中国建筑工业出版社，1959 年版

《苏州古典园林》，刘敦桢著，中国建筑工业出版社，1979 年版

《苏州古民居》，苏州市房产管理局编著，同济大学出版社，2004 年版

《苏州市志 1986—2005》，苏州市志编纂委员会编，江苏凤凰科学技术出版社，2014 年版

《苏州老宅》，张品荣著，古吴轩出版社，2014 年版

《古宅品韵——苏州传统民居文化纵览》，沈庆年主编，苏州大学出版社，2013 年版

《苏州士绅》，夏冰著，文汇出版社，2012 年版

后记

2019年至2022年间，苏州市住房和城乡建设局开展了关于苏州市民国建筑资料调研编辑项目，以城建的角度，对苏州大市范围内民国建筑进行全方位的整理、分析、归纳、总结，从建筑分布、建筑风格、建筑构件、建筑沿革、宅主信息、建筑材料等方面还原苏州民国建筑的特色。在调研走访过程中，我们发现苏州民国时期的建筑在街巷和乡镇留下了丰富多彩的文化印记。比如，公共行政办公建筑、近代一些著名人物在苏州的活动、民族工商业发展的历史遗存、宗教教育的建立及街巷住宅的改造等方面，无不为苏州赋予了有形与无形的独特韵致。

为此，我们开始认真酝酿策划，以经典、保存完好且具有较高历史文化价值的民国建筑为选材，通过整理、编写，形成了《苏州民国建筑典藏——从传统到现代的时代交接》一书，客观真实地呈现苏州市民国时期建筑的历史文化特色。由于篇幅有限，我们从中精选了100套富有代表性的民国建筑，根据建筑的功能和用途，共分为7类：公共行政（10处）、宗教教育（14处）、工商服务业（13处）、里弄住宅（12处）、园林宅第（16处）、西式别墅（25处）、水利桥梁及其他（10处）。以图文结合的形式，对每套建筑的类型、特点及现状进行调研和分析，并深入挖掘其中蕴含的丰富历史文化信息。

苏州民国建筑资料的收集依据主要包括以下几个方面：第一，根据城建档案中的记载，或者参照各区（市）相关部门收集的民国建筑名录；第二，依据相关单位公布的国保、省保、市保以及控保建筑信息；第三，基于档案资料中的图纸及通过实地调研确认建筑物的现状；第四，参考当地报刊、地方志书所记载的文史资料等。

本书在编撰过程中获得了相关部门和单位的大力支持，许多专家和老师热情的指导与帮助，以及当地古建筑爱好者的热心支持，特此表示深切的感谢。同时，也要向为本书付梓付出辛勤努力的同事们及撰稿人员表示衷心的感谢。感谢大家共同努力，使得本书得以完成。

我们将这些珍贵的遗存记录下来，完善苏州市民国建筑的档案，更好地进行保护、修复和合理利用。同时对于保护和宣传苏州民国建筑起到一定的积极作用，让更多的人了解并热爱苏州。由于本书体量庞大及编者水平有限，在编撰的过程中，难免存在疏漏和错误之处，恳请方家予以惠正。

苏州市住房和城乡建设局

2023 年 11 月